ゴムの補強

―ナノフィラーの可視化による機構解析―

鞠谷信三
加藤　淳
池田裕子

［著］

朝倉書店

執筆者

池田 裕子（いけだ ゆうこ）　京都工芸繊維大学分子化学系教授（第3部）

加藤 淳（かとう あつし）　株式会社日産アークオートモーティブ解析部
シニアエンジニア（第2部）

鞠谷 信三（こうじや しんぞう）　京都大学名誉教授（第1部, 第4部）

（五十音順）

は じ め に

　本書は，ゴムの科学と技術にとって最も重要な分野であり，実用的な観点から数多くの検討が成されてきたゴムの補強に関して，我々の研究成果を基本に据えつつ，その歴史や最近の関連する研究を含めて解説したものである．前著『ゴムの科学―その現代的アプローチ―』（2016年刊，朝倉書店）がゴム科学全体の概説であったのに対し，本書はゴムの補強に特化した専門書と位置付けられる．ゴムにとって加硫（vulcanization）と補強（reinforcement）の重要性は，ゴム関係者のみならず広く一般に認められている．ゴムが社会的に広く利用されるための前提条件である加硫は，グッドイヤー（C. Goodyear, 1800–1860）により1839年に見出された．彼の妻クラリッサが調理をしていたストーブの横に，ゴムと硫黄の混合物が置かれたことにより偶然見出された，という逸話が人口に膾炙している．補強については，ゴムに添加されているカーボンブラック（タイヤと聞けば「真っ黒な」が思い浮かぶ理由ともいえる）とタイヤゴムとの密接な関係も，一般に広く知られている．

　カーボンブラックなどのナノ粒子によって補強された加硫ゴムが，多くのゴム系ソフトマテリアル，特に自動車，トラック，航空機などのタイヤの材料として「必要不可欠」であることは，20世紀における自動車の普及をその足元で支えてきた実績から明らかである．したがって，ゴムの補強に関する技術的なレポートの数も膨大である．しかしながら，ゴムにおける補強の機構についての科学的な理解は，残念なことにいまだ極めて不十分な段階に留まっている．ゴムの補強をタイトルとする専門書の出版が，クラウス（G. Kraus）が編集し1965年に刊行された "Reinforcement of Elastomers" 一冊を数えるにすぎないことは，ゴムの補強について科学的な取り組みが困難であることの反映なのかもしれない．

本書は，こうしたゴム科学研究の遅れを克服しようとする最新の試みの一つである．ゴムの補強に関する専門書として第2冊目となるかもしれない本書では，著者3名の専門領域の制約を考慮し，また各著者の科学的興味を生かす観点から，記述の焦点を高次構造の解析を通じてゴムにおける「補強作用の解明」に合わせている．特に，主要な解析法となった3次元透過電子顕微鏡（3D-TEM）のゴムへの適用を解説することに重点がある．「補強」という語の一般的な理解からすれば，ゴム材料の「強さ」つまりは破壊力学（fracture mechanics）からのアプローチが含まれていない点を物足りないと感じられる方が，特にゴム分野以外の研究者・技術者には多く居られるかもしれない．なぜなら，ゴムの強度向上は実用的な要求が最も高い課題だからである．しかしながら，例えばニューマチック（pneumatic, 気体圧入）タイヤに用いられるゴム複合体の特性は，機械的・力学的特性に留まらず，ほかの材料に見られない低弾性率，大きな伸びに加えて路面との間の適度な摩擦や摩耗挙動などを含み，全体として「機能性」（highly functional properties）ともいうべき多様な性能が要求される．こうした事実を考慮して，ナノフィラーによる補強の「機構」（mechanism）を明らかにすること，言い換えると，科学的に見て複雑な現象である「ゴムの補強」を研究するうえで，現時点では機構究明に焦点を合わせることを我々の執筆方針とした．

　補強機構の解明は，仮説的な推定機構をも含めゴムの機械的・力学的強度の一般的理解についてさらなる考察の出発点となるもので，力学的モデルを設定し，実験データ（蓄積された膨大な過去の結果を含めて）を「モデルに基づいて系統的に」整理し，科学方法論的に（その帰納法よりむしろモデルに基づく演繹法により）取り扱うことが可能となる．この分野での既存データはあまりに膨大であり，信頼性ある実験結果の抽出は困難な作業にならざるをえないから，過去において有効であった試行錯誤法（trial and error method）のような素朴な帰納的手法は，現時点ではゴムの強度や破壊について科学的に有効な方法ではありえない．本書では課題をゴム補強の機構の究明に絞っている．この結果を踏まえてこそ，ゴム補強のより一般的な理解が可能となるのみならず，将来的にはゴム材料の高性能化・高強度化に科学からのより大きな貢献が期待できる．

したがって，本書ではゴムの補強の一般的記述という点からは，言及あるいは引用すべき過去の多くの研究報告が結果的に無視されてしまった可能性が高い．しかし，ゴム関係企業にとっての「ゴムの補強」の実用的な重要性は古くから認識されていたから，この分野での知見は公表された科学的（専門家による審査を経て公表された）研究論文だけでも膨大な数になる．さらに，公表されてはいてもあまりにも数多い技術的文書と特許，加えて半公開ともいうべき社内報などに掲載された技術ノート等々に満ちあふれており，それらすべてに目を通すことは実際的に不可能といってよい（それらに数倍する量の，外部には公開されない社内の技術報告，公開されていないノウハウ等についてはいうまでもない）．この点を危惧しつつも，100年の歴史をもつゴムの補強について，現時点で我々なりの「まとめ」を公表することは，今後さらに100年に及ぶ可能性がある交通化社会にあって，タイヤ用をはじめとした架橋ゴム技術の発展を促進するために，必要かつ有益な刺激になるであろうと著者らは信じている．さらに本書のまとめが，ナノフィラー補強ゴムの新たな前進のみならず，それに代わる新規ソフトマテリアル創出の開始点となり，新しい高強度ゴム開発へつながることも期待されよう．

　最後に，本書を手にした日本の読者から，新しいゴム補強解析の手法やソフトマテリアルのアイデアが生まれ成長していくことを，著者らは心から願っている．本研究の推進に協力いただいた多くの共同研究者，大学院生，学生の方々への心からの感謝をここに明記させていただきたい．

2018年12月
京都，梅津にて

3人の著者を代表して

鞠谷信三

目　　次

第1部　ゴムのフィラー補強　　1

1　ソフトナノコンポジットとしてのゴム材料 … 2
- 1.1　カーボンブラック充てん加硫天然ゴム：ポリマー系複合材料の先駆け　3
- 1.2　ナノフィラー充てんゴム架橋体における補強　6
- 1.3　ソフトナノコンポジットの展開　8

2　ゴムの補強とフィラー … 12
- 2.1　ゴムにおける補強効果　12
- 2.2　ゴム用非補強性フィラー　15
- 2.3　補強性ナノフィラー　17
  - 2.3.1　カーボンブラック（CB）　18
  - 2.3.2　シリカ　21
  - 2.3.3　球状粒子以外のゴム補強材料　22
- 2.4　補強因子：バウンドラバーとストラクチャー　23
  - 2.4.1　補強作用の考え方　23
  - 2.4.2　バウンドラバー　24
  - 2.4.3　フィラーにおけるストラクチャー　26
  - 2.4.4　フィラー添加の流体力学的効果　29
  - 2.4.5　ナノフィラーのストラクチャー形成：フィラーのネットワーク構造　35

2.5　ゴム補強の考え方に関する補足　37
　　　2.5.1　ペイン効果とマリンス効果　37
　　　2.5.2　佐藤・古川の補強理論　38
　　　2.5.3　混練とナノフィラー凝集体　40
　　　2.5.4　流体力学的効果の現時点での評価　40
　　　2.5.5　フィラー補強のプロモーター　42
　第1部文献　44

第2部　ナノフィラーの分散解析とゴムの補強機構　49

3　3次元透過電子顕微鏡（3D-TEM）の原理と実際　50
　3.1　透過電子顕微鏡（TEM）による像形成　50
　3.2　3D-TEMによる立体像の形成　53
　　3.2.1　TEMとトモグラフィー　53
　　3.2.2　トモグラフィーのTEMへの適用　53
　　3.2.3　3D-TEM測定の注意点　56

4　3D-TEMによるナノフィラー分散の可視化　59
　4.1　シリカ分散の3次元可視化　59
　　4.1.1　硫黄加硫ゴムの測定前処理　59
　　4.1.2　シリカ分散の3次元可視化像とその解析　62
　　4.1.3　親水性および疎水性シリカの3次元可視化　64
　4.2　カーボンブラック分散の3次元可視化　71
　　4.2.1　カーボンブラック分散の3次元可視化像とその解析　71
　　4.2.2　カーボンブラックのネットワーク形成　77
　4.3　その他のフィラーの3次元可視化　79

5　カーボンブラックによるゴムの補強機構　83
　5.1　前史（19世紀～20世紀前半）　83
　5.2　ゴム補強効果のモデルとその展開Ⅰ（20世紀後半～20世紀末）　86

5.3 ゴム補強効果のモデルとその展開 II（21世紀初頭） 88
5.4 放射光等を利用したフィラークラスターに関する最近の成果 93
5.5 ゴムの補強機構と力学的レオロジーモデルについての試論 97

第2部文献 105

第3部 ゴムの非カーボン補強　　109

6 シリカ補強ゴム　110
6.1 ゴム用シリカ粒子利用の変遷 110
　6.1.1 ゴム用湿式法シリカ 110
　6.1.2 ゾル-ゲル法による *in situ* シリカ充てんの始まり 112
6.2 *in situ* シリカ補強 113
　6.2.1 ジエン系ゴム網目系で生成，分散されたシリカ粒子 113
　6.2.2 混練可能な *in situ* シリカ含有ゴム 116
　6.2.3 ラテックス中での *in situ* シリカ生成とフィラーネットワーク化 118

7 リグニン補強ゴム　121
7.1 リグニンへの期待 121
7.2 ソフトプロセスによるゴムへのリグニンの混合 124
7.3 ゴム用補強性フィラーとしてのリグニン 125

8 天然ゴムにおける自己補強性：テンプレート結晶化　128
8.1 天然ゴムの結晶化 128
　8.1.1 アモルファスと結晶 128
　8.1.2 核生成と天然ゴムの低温結晶化 129
8.2 テンプレート結晶化：天然ゴムの伸長結晶化機構 133
　8.2.1 伸びきり網目鎖 133
　8.2.2 テンプレートの生成と結晶化の進行 136
　8.2.3 テンプレート結晶化の速度論的モデル 139

8.3　天然ゴムの自己補強性　143
     8.3.1　引張り特性　143
     8.3.2　引裂き特性：き裂成長の防止　145
     8.3.3　疲労特性　148
     8.3.4　天然ゴムにおける新たな機能性の発現　152
   第3部文献　155

第4部　人類の持続的発展とゴムの補強　　161

9　ソフトマテリアルとしてのゴム系ナノコンポジットの将来 …………162
   9.1　グローバリゼーションと持続的発展：技術をめぐる歴史的背景　162
     9.1.1　グローバリゼーション：交通化と情報化　162
     9.1.2　交通化と情報化の相互作用と人類の持続的発展　166
   9.2　21世紀におけるソフトマテリアル　172
   9.3　21世紀におけるゴム系ナノコンポジット　176
     9.3.1　交通化とゴムの補強　176
     9.3.2　ゴム材料の将来　182
   第4部文献　186

索　引 ……………………………………………………………………189

ゴムのフィラー補強

1 ソフトナノコンポジットとしてのゴム材料
2 ゴムの補強とフィラー

1 ソフトナノコンポジットとしてのゴム材料

　我々が日常的に目にするゴム製品は,「加硫したゴム」(rubber vulcanizate)であり,さらに一般的にタイヤなどゴム製品は黒いものと認識されている.ふつうにゴムといえば「カーボンブラック(CB)を充てんしたゴム」が想定されていることになる.つまり,「CB充てん加硫ゴム」(carbon black loaded rubber vulcanizate)を単にゴムと呼んでいることが多い.交通化社会に生きて日常的に出会う自転車・自動車・航空機などの空気圧入(pneumatic,ニューマチック)タイヤに由来するイメージであろう[1,2](圧入気体として空気が一般的であるが,圧力保持性に優れる窒素ガスも用いられている).このイメージは,ゴム原料の70%以上がタイヤ用に消費されている事実と,CB充てんのゴムへの優れた補強特性付与から考えて,実感に基づきながら科学的にも技術的にも容認できるといえるだろう.ここでCBは一般的な意味のフィラー(filler;充てん剤,原義は「隙間を埋めるもの」)ではなく,ゴム用の「補強性フィラー」(reinforcing filler)であり,ゴムとは切っても切れない関係にある.以上の説明から,ゴムのフィラーによる「補強」はゴムの科学と技術にとって,加硫反応を含む一般名称である「架橋」と並んで極めて重要な二大分野であることが理解できる[3〜5].

　第1章では,ナノフィラーとしてのCBとゴムのかかわりを歴史的に振り返り,理論的にユニークな力学的性質であるゴム弾性が,応用面でも補強性フィラー充てん架橋ゴムとしての幅広い「機能」を発揮させるユニークな物性として発現することを述べる.さらに,複合材料(composite)の時代,ナノあるいはソフトの世紀といわれる現在では,「ソフトナノコンポジット」(soft nano-composite)の典型例としてさらに発展途上にある材料であることを示唆して,第2章以降の本論への導入としたい.

1.1 カーボンブラック充てん加硫天然ゴム：ポリマー系複合材料の先駆け

20世紀初頭に現れたカーボンブラック（carbon black：CB）を充てんした天然ゴム（natural rubber：NR）の加硫体は，繊維との複合化によって，タイヤ用のゴムとして優れた特性を発揮した画期的な新規材料であった．空気圧入ゴムタイヤ（pneumatic rubber tire）の特性は自動車と飛行機を足元から支えるもので，現代を交通化社会と特徴づけるに至るプロセスを主導した必須のデバイスとなっている[1～5]．ゴム風船と同じく，空気と加硫ゴム両方のエントロピー弾性（entropic elasticity）を生かした弾性デバイス（elastic device）であり，ゴムは圧入気体の容器として利用されている．しかし，タイヤにおけるゴムはそれに留まらない多様な機能を担っている．特に，自動車・航空機タイヤのトップトレッドゴム（top tread rubber）は道路との接触面にあってタイヤの「機能」を担う重要な構造部分であり，トレッド用のゴムとしてCBで補強された加硫NRが用いられ，すでに100年を超える実績がある．航空機用や重量級車両（heavy-duty vehicles）用タイヤのトレッドゴムとしてCB充てん加硫NRを超えるものは，いまだ現れていない．なぜだろうか？

ゴムタイヤはまず道路（航空機の場合には離陸と着陸時の滑走路）表面にあってタイヤ全体として車体あるいは機体の重量を支えている．タイヤのトップトレッドゴムは高速運動中の動的条件下で，路面との摩擦（friction）が関係するトラクション（traction；路面上での前進の駆動力と減速・停止のための制動力），グリップ（grip；タイヤ表面が路面を滑らずにつかむ力），スキッド（skid；ブレーキをかけた状態でのタイヤの滑り）抵抗，適度な転がり抵抗（rolling resistance），さらにトレッドゴム表面の摩耗（abrasion, wear）など高度な機能的特性を発揮している．例えば，転がり抵抗は安全性に必要なブレーキの効果を上げるためには高抵抗が望ましいが，燃費を下げるためには可能な限り低抵抗が望まれる．また，トレッドゴム表面の適度な摩耗は舗装された路面の摩滅を最小に留めるもので，ゴムは自らの摩耗によって路面を守っている．しかし，摩耗により生成した粉塵は路面の摩耗成分と合わせて，道路周辺の環境汚染の原因となるから，粉塵量は可能な限り少なくする必要がある．トレッド部に刻

まれた溝はトレッドパターン（tread pattern）と呼ばれる物理的・機械的な工夫であり，走行時の路面とのマッチングや，ウェットスキッド（wet skid；降雨時のスキッド）抵抗，ハイドロプレーニング（hydroplaning；濡れた路面を高速走行する際に車体が路面から浮き上がる現象）抑止などと関連し，タイヤ性能を決める重要因子の一つである．

さらに，タイヤの高速回転に伴う動的変形と，路面との摩擦に伴う不可避的な温度上昇（heat buildup）の条件下で，ゴムの耐熱性・耐久性などへの要求は有機材料にとって最も過酷というべきレベルのものであることに注意しなければならない．ここで heat buildup はタイヤの路面との接触部であるトップトレッド（top tread）のみならず，サイドトレッド（side tread；タイヤの側面部）や内部構造を含めたタイヤにおける動的摩擦に起因した発熱による温度上昇である．すなわち，走行中回転し続けるタイヤは，走行による動的発熱と空冷により散逸される熱が平衡条件に達するまで温度上昇して走行を続けることになる．この走行時の動的平衡温度は，安全性からもまたタイヤの寿命などの点からも，低温ほど望ましいことは勿論である．これは，ゴム成分と各種配合成分，タイヤコードなどの材料に依存するのみならず，デバイスとしてのタイヤの複合化様式にも大きく影響される．例えば，一般的な走行条件ではバイアスタイヤ（bias tire）よりもラジアルタイヤ（radial tire）の方が平衡温度を低く設計できるとされていて，タイヤの長寿命化に有利であることが，バイアスからラジアルへの転換の一因となった．

いずれにせよ，動的な走行条件下で重量物体である自動車，トラック，航空機などを支える機械的特性を維持しつつ，路面との接触界面で必要な摩擦・摩耗などによる諸機能を発揮して，十分な安全性を確保しながら路面上の車体の高速運動を可能としなければならない．航空機の飛行（flight）にとって，離陸（taking off）と着陸（landing）の際の滑走路上での運転（driving；低速ではあってもゲートから滑走路までの taxying を含む）は決して二義的なものではない．離陸なくして飛行なく，着陸なくして帰還はないのだから飛行の前提となる本質的条件である．有機材料にとって「極限の条件」（extremely harsh conditions）下で繰り返し使用されるのがゴム材料といってよいだろう．

ゴム材料として，現在も標準的なものの一つである CB 配合の加硫 NR は，歴

史的には新規材料としてのソフトマテリアルの嚆矢（起源の意）となった．ゴムへの CB 添加は S. C. Mote（1867-1944）により始まったとされるが，不思議なことに CB 配合の効果についての特許は申請されていない[6]．Mote は英国のゴム会社 Silvertown 社の技術者で，ゴムへの多種の試薬や粉末などの添加効果を検討していた．ゴムに種々の試薬・粉体を混合しその加工性と性質への効果を明らかにすることは，加硫発明者グッドイヤーの例を見るまでもなく，高分子溶媒（polymeric solvent）でもあるゴムにとって科学的に意味のある試行であった．1904 年当時の Mote の思考と試行は，ゴムの液体的な本性（liquid-like nature）[5, 7] を見通した鋭いもので，結果的にソフトマテリアルおよび高分子系複合材料のパイオニアとなった．

このとき，Mote らはこの CB 充てん NR 配合物と繊維コードの複合化による高性能タイヤの開発に精力的に取り組んでおり，開発品は自動車メーカから高い評価を受け，特許が成立した．しかし，その特許は NR と繊維の複合化に関するもので，NR への CB の配合は記載されているが，請求事項には含まれていなかったようである．コードとの複合化とは異なり，粉末の添加はゴム技術者にとって新規性に乏しく，特許の対象にはならないと考えられたのかもしれない．このタイヤはオハイオ州の Diamond Rubber 社がライセンス契約により生産し，初期の自動車に装着された．同社には有機加硫促進剤のパイオニアとなったオーエンスレーガー（G. Oenslager, 1873-1956）が働いていた[1, 2, 4~6]．加硫技術の進歩と合わせて，複合材料としてのゴムの利用はこの後 100 年間に大きな展開を見せ，架橋と補強はゴムの科学と技術の最重要課題として，ゴム材料発展の鍵となって現在に至っている．

空気圧入タイヤ用として 20 世紀初頭に開発された CB 配合ゴムと繊維コードとの複合材料は，20 世紀後半に実用化された繊維補強プラスチックス（fiber reinforced plastics：FRP）とともに今なお典型的なポリマー系複合材料の一つであり[8]，CB 配合加硫 NR はタイヤへの利用を通してポリマー系複合材料の「先駆け」となり，複合材料開発の大きな可能性を多くの材料技術者に示唆した実例といえるだろう．FRP はゴムに遅れること 100 年を経過して，CFRP（carbon fiber reinforced plastics）が自動車の車体材料用として検討されている[9]．さらに近年になって，グラフェン（graphene）などがゴム材料への充てん剤として

注目を集めている[10]. しかし，グラフェンは2次元平面型のハニカム構造をもつ芳香族炭素化合物で，CF（carbon fiber）と同じく異方性充てん剤であり，等方性材料であるゴムの補強剤としてではなく用途に特化した特性付与のための充てん剤と考えるべきかもしれない[11]. 地球規模の温暖化問題から要求される近年の「脱炭素」のトレンド（2.3.1項，9.3.1項も参照）に逆らうことにはなるが，CBとCFそしてグラフェンなどナノサイズのカーボンアロトロープ（炭素同素体とも，carbon allotrope）は，その優れた物性によって今世紀も有用な材料として生き残る可能性と必然性がある．ゴムにおける優れた「補強効果」の究明が，21世紀の今もゴムの科学と技術の最重要課題であると同時に，その波及効果はますます大きくなるものと予想される．

そして，CBなど粒子状（particulate）ナノフィラーのゴムへの補強効果は各種複合材料の中でも群を抜くものであって，そのメカニズムの解明は新規ソフトナノコンポジット創出にも貢献が期待できる．幸いなことにこのように重要な分野であるゴムの補強については，クラウス（G. Kraus）が編集したモノグラフが1965年に出版された[12]. その日本語への翻訳本が出版されなかったことは日本のゴム研究者・技術者にとって残念なことである．当然のことながら，本書ではこの書の出版後の半世紀の進歩を踏まえつつも，特に今世紀における成果の解説に重点をおいている．本書を読み進めながら，必要に応じてこの名著に立ち返って「ゴムの補強」について考えを深めるため，文献12の書誌事項として全章のタイトルと著者を文献欄に記載した．参照していただきたい．

1.2　ナノフィラー充てんゴム架橋体における補強

前節に述べたように，ポリマー系複合材料の先駆けとなった「CB充てん加硫NR」は，単に「ゴム」が代名詞として通用するほど一般的であった．しかし第二次世界大戦中，特に米国とドイツにおいて，合成ゴム（synthetic rubber）の大量生産方式が確立して飛躍的な拡大を遂げた結果，戦後には民生用に大量供給されたため「天然」ゴムと限定する必要が出てきた[1,2,13]. つまり，「CB充てん加硫合成ゴム」が急速に普及していったのである．一時期，特にスチレンブタジエンゴム（styrene-butadiene rubber：SBR）などの合成ゴムが圧倒的な

シェアを占める勢いであり,「NR はいずれ合成ゴムによって市場から駆逐される」との予測がささやかれた.しかし,極限材料としての NR の高い機能と性能に加えて,ゴム製品(種々の理由から2種以上のゴムの混合,つまりゴムブレンドが多用される)の主要なゴム成分の一つに,SBR やブタジエンゴム (BR) を用いる場合でも,相当量の NR が必須の成分として用いられることが多い.また合成ゴムはその原料である石油価格の上昇などもあってアップダウンを繰り返している.これらの事情もあって NR のシェアは,過去数十年は合成ゴムの価格に関係なく 40% を超える水準を一貫して維持し[1~3],特に近年は増加傾向が続いており,数年後には 50% を超えると予測される.

この NR と合成ゴムの共存共栄の時代にあっても,合成ゴムの機械的特性,特に引張り特性は NR に比べて格段に低いから,CB 等の補強性フィラーの配合は NR の場合よりも合成ゴムでその必要性が格段に高い.すなわち,NR ではいわゆる純ゴム配合(「純粋な」ゴムの意味ではなく,フィラーを添加していない配合物を意味している)によるゴム製品(輪ゴムなど)もあるが,ジエン系の合成ゴムでは「充てん剤なし」の純ゴム配合は研究目的の試料にほぼ限られていて,フィラーなしの実用的な合成ゴム製品はほとんどないのが実情である.例えば,SBR は NR と並ぶ汎用ゴム (general-purpose rubber;タイヤ用を含めて広範な用途があり大量生産されているゴム)であり,CB 充てんによってその弾性率の向上は数倍以上,引張り強さは 10 倍もの向上が認められている.CB の機械的な補強効果は,NR よりも合成ゴムでより際立っている(図 8.7 参照).したがって,ゴム用フィラーとして CB の優位は合成ゴムが市場に現れた後も継続して増加傾向にあり,CB の需要はゴム全体の消費量と並行している.先に NR について述べたように,合成ゴムが現れた後も「ゴム」と呼ばれている製品は,その材料として「CB 充てん加硫ゴム」が用いられていると想定してよい.

近年になって CB に加えて,シリカ粒子の利用が増加傾向にある.シリカがほかにない優れた特性を示すことだけではなく,その要因の一部は CB が石油資源に頼る材料であること,および石油資源の枯渇と地球温暖化の問題も関連して「脱炭素」のトレンドが勢いを増していることにある.そうした外的因子を別にしても,地球上で豊富な元素であるケイ素 (Si) の化学研究は無機,有

機を問わず長い歴史があり[14, 15]，エラストマー分野でもシリコーンゴムはすでに特殊ゴム（specialty rubber）の重要な一角を占めている．シリカ粒子は CB と同じくナノ（10^{-9}）メートルレベルの粒子径を有する微細粒子が製造されているので，ナノフィラーに位置づけられる．つまり，CB と同じく補強性フィラーであり，その補強効果を含めてシリカ粒子についても多様な研究が展開されている．CB と比較して，シリカの表面化学修飾の可能性は高いと考えられ，合成ゴムでのシランカップリング剤の利用はかなり以前から実用化されている[16~21]．合成ゴムの物性を NR のそれに近づけるための努力の一つと位置づけられるが，もちろん NR でもシランカップリング剤の利用は盛んである．第 7 章で，シランカップリング剤も含めてシリカについてさらに詳しく論じている．

1.3　ソフトナノコンポジットの展開

　ソフトナノコンポジットの先駆けとなった CB 配合架橋 NR の展開は，合成ゴムが市場に現れた後も順調，あるいは飛躍的ともいえる発展を遂げた．さらに小さな応力で大変形が繰り返し可能なゴム弾性材料へのナノフィラー配合は，「ナノテクノロジーの時代」に突入した現在も，ナノ粒子の特性を生かしてゴムに適用した成功例であり「ソフトナノコンポジット」として新たな局面を迎えている[22]．数あるゴム用フィラーの中でも，ナノフィラーである CB やシリカ粒子，これらはゴムへの補強効果が特に顕著であることから補強性フィラーに分類されてきた．例えば，ゴム用として一般的な ISAF（intermediate super abrasion furnace），HAF（high abrasion furnace）カーボンは 20～40 nm の粒子径である．つまり，ゴム技術者は，ナノテクノロジーが流行語となるはるか以前から，「ナノ」フィラーを使いこなしてタイヤを生産し，交通化社会の発展を足元から支えてきた．ナノがもてはやされるトレンドの中で一歩，いや数歩先を見通した技術開発が現時点でのゴム産業の重要課題である．

　確かにナノテクノロジーは 21 世紀のキーテクノロジーの一つとされている[22~25]．しかし，その初期にもてはやされた分子機械工学，すなわち分子・原子レベルでのナノデバイスとナノ機械の製作のような夢物語には，まず分子を対象とした化学者から否定的なコメントが出され[26]，さらに科学論的立場から

も疑問が投げかけられた[27]．しかしその後も「夢」の実現に向けての精力的な研究は絶えることなく，2016年のノーベル化学賞が分子機械（molecular machines）に向けてのミニチュア化モーターの開発研究に授与されてさらに活発になっている[28]．特に，バイオテクノロジーの分野でバイオ分子機械に注目が集まっているようだ[29]．否定的な論調があった一方で，ノーベル賞受賞により研究が活性化されたことなどナノの評価が揺れ動く中でも，ゴム技術を基盤としたソフトナノコンポジットは，そうした変動を受けることなく従来の地味な開発が継続されてきたといえる．これは先に述べたように，CB配合NRが20世紀初頭から空気圧入ゴムタイヤに用いられ，自動車の大量生産とその普及に対して他に代え難い貢献をしてきた歴史的事実が，現在なお有効に生き続けていることを示している．ゴムは自身の摩擦・摩耗機能を発揮することによって，搭乗者，運転者，積荷，車体そして道路面を守って交通化社会を支えてきた．電車や汽車が鋼鉄製タイヤを装着して鉄の線路上を走行していることと比較すれば，ゴム製タイヤとの差は自明のことといえる．

このような歴史をくぐり抜けてきたゴム関連ナノテクノロジーのトレンドが，ナノコンポジットとしてのナノフィラー充てんゴム架橋体のさらに新たな展開を求めている[22]．ソフトな人体の柔軟さを有する，人間に近いロボットの開発などはその一例であろう．そのような要請に応えるべく，補強に関連するゴム科学の最新の成果をまとめて概説することが本書に託された役割である．次章からの本論を学習していただくとともに，この書を手にされたことをきっかけとして，読者自身の視点からゴムの補強へ新しいアプローチを試みていただくことを著者は心から願っている．

以下は，本論へ入る前のコメントである．前述のFRPを典型的な複合材料とした場合，タイヤやベルトなどのゴム製品ではCBやシリカとゴムの複合体ではなく，ゴム配合物と繊維との複合体がゴム系複合材料ではないか，と疑問に思われるかもしれない．確かにタイヤでも，トレッドではなくカーカスなど圧入空気の封入部などは，動的条件下でも気体の圧力を保持するに十分な強度を有する容器であり，ゴムが空気を密封するために必須である．それと同時に，タイヤ全体として車体と搭乗者・積荷の重量を支持するために，ゴムと繊維やコードとの複合化が必要である．ゴムと繊維の複合材料ではその機械的・力学

的強度は主として繊維・コードに依存する．歴史的にみても木綿，レーヨン，ナイロン，ポリエステル，ガラス繊維，スチール，アラミドなどが繊維・コードとして用いられてきた．木綿とレーヨンを除いて，これら繊維との複合材料は現在もタイヤのみならずコンベアーベルト，ホース，配管のゴム製接続部材などとして広く用いられている[30~32]．しかしこれらの複合体での繊維・コードとの複合化部分では，ゴムはゴム弾性を発揮させるための材料ではない．繊維・コードの保持・接続機能を果たしているのがゴムであり，機械的特性は繊維部分が主たる役割を担っていて，この点でゴムは必須ではあるけれども第二義的な構造材料成分といえる．

本書はゴム科学の立場から「ゴム弾性」に焦点をあてており，機械的・力学的性質の向上は，あくまでゴム弾性を発揮させる条件を作りだす観点から補強を考察している．すなわち，タイヤでいえば路面と直接接触するトレッド部に焦点をあて，繊維・コードとの複合材料部分はタイヤで「気体の弾性」を利用するための容器部分であるとみなしている．このゴムと空気の2つの弾性がともにエントロピー弾性であることは興味深い．空気圧入タイヤはエントロピー弾性をフルに活用した実に巧妙なデバイスであるといってよい[1~5]．したがって，本書の考察の主対象はゴムをマトリックス（母体）とする粒子状のナノフィラーを分散させたゴム配合物で，繊維・コードによる補強は対象外としている．ゴムはアモルファス材料で等方性であり，繊維やコードとの複合化は異方性材料に帰する．材料としてこの違いはデバイスや製品の設計にとって根本的な相違点であることから，本書ではゴム弾性材料に焦点をあてて補強作用を考えている．実は，この「ナノフィラーによるゴムの補強」は，ユニークなゴム弾性と相対的に類例のない高レベルの補強効果を両立させ，かつ等方性のソフト材料を創製している点で，繊維補強を含めたポリマー系複合材料やナノ複合材料の中でも際立ったものである．ゴム以外の，例えばプラスチック材料においても充てん剤によるその補強は一般的で，多数の書籍が出版されている（最近ではナノファイバー，ナノチューブ等による機能化が中心的話題である）が[33]，補強のレベルでは最大でも数十％のレベルであって，ゴム材料のそれには遠く及ばない場合が多い．

さらにゴム用ナノフィラーによる補強は，強度に留まらないユニークな力学特性の向上でさらに大きな効果を示す．すでに述べた自動車の走行によるタイヤのトレッド部のNRは，CB充てんによって必要な摩擦特性（グリップなど）を保持しながら，無添加の場合に比べて摩耗は数十分の一以下になると報告されている[34]．耐摩耗性だけを考えても，NRと合成ゴムを問わずCB配合なしのタイヤトレッドは実際上考えることができない．ナノ粒子の優秀かつユニークなゴムの補強効果とそのメカニズムの解明は，複合材料の考え方全体に大きな影響を与える可能性がある．したがって本書はゴム関係者に留まらず，高分子材料・複合材料関係者に広く読んでいただきたいと著者らは願っている．

2 ゴムの補強とフィラー

2.1 ゴムにおける補強効果

「ゴムの補強（reinforcement of rubber）」，すなわち一般的にはフィラー配合によるゴムの性能向上（補強効果）は，機械的あるいは力学的性質の向上に留まらず，ゴム製品ごとに広く深い意義をもっている．しかし，限られたスペースの関係から，本書では補強の各論ともいうべきゴム製品に即した補強の意義や役割の記述は割愛していることを最初にお断りしておきたい．それらの詳細については文献 12, 31, 32 あるいは各専門技術分野のハンドブックなどを参照いただきたい．また，ゴム以外の材料についてもいえることであるが，ある材料にそれより安価な充てん剤を混合して最終製品の性質がなお許容範囲内であれば，より低価格の製品として市場では有利になる．しかし，このような充てん剤は増量剤（extender）と呼ばれてその経済的・技術的意義は大きいが，ゴム補強の科学を対象とした本書で主題となる補強性フィラー（reinforcing filler）ではないため，非補強性フィラー（non-reinforcing filler）として扱い次節で概説する．

天然ゴム（NR）や半結晶性を示す合成ゴムの場合には，補強性ナノフィラーの添加なしに大変形下で生成する微結晶が補強効果を発揮する場合がある．これは架橋 NR に最も典型的に発現するユニークな特性で，伸長結晶化（strain-induced crystallization：SIC）と呼ばれ大変形に伴う可逆的な結晶化である．結果として，その場生成した配向微結晶（oriented crystallite generated *in situ*）は自己補強性（self-reinforcing）フィラーとして作用することになる．SIC そのものについては古くから知られていたが[35]，SIC の結晶化速度は極めて大きい（1

秒以内に完結）から，その本質的な特徴はシンクロトロン放射光の利用による時分割測定（time-resolved measurement）の結果から最近になってようやく明らかになりつつあり[3~5]，機構としてテンプレート結晶化（template crystallization）が提案されている[5,36,37]．過去の実験では繊維図形（広角 X 線回折イメージ）の測定に 20 分以上の時間と一定延伸下での保持が必須であったから，応力緩和後の構造が観測され，時分割の測定ではなかった．架橋 NR の時分割測定の結果で明確にされたことは，アモルファス状態から大変形に伴うゴム網目鎖の配向を経て，SIC は自発的に，瞬時に起こるその場（in situ）結晶化であり，変形下で生成した配向微結晶は架橋ゴムに特有の「自己補強」効果を示すことである．したがって，自己補強はナノフィラーの添加とは全く別の機構による補強作用である．SIC およびその考えられる機構としてのテンプレート結晶化は本書では特に 1 つの章（第 8 章）を割り当てて記述した．ゴムの補強を考えるうえで NR の自己補強性は重要な分野であり，NR 以外のゴムについてもさらに詳細な研究が要請される．

　この章ではゴム用フィラーの一般論を簡単に説明した後，粒子状フィラーに焦点を絞り，補強性フィラーと非補強性フィラーに分類されること，およびそれらの充てん，すなわちゴムとフィラーの混合（mixing）の効果について，現在までに得られている補強作用の解釈や考え方を概説する．

　フィラーや加硫試薬を含めて，ゴムへの各種試薬の充てんは，一般に混合機（ミキサー）を用いて行われる機械的操作である．しかし，ゴムはガラス転移温度（glass-transition temperature, T_g）より高温で用いられるから高粘度の液体への混合となり，「混練」あるいは単に「練り」と呼ばれる．混練は機械的混合に留まらず，機械的に誘起されるゴムの化学反応（mechanochemical reaction, メカノケミカル反応）や，混合操作中の加硫試薬の化学反応すなわちスコーチ（scorch, 早期加硫）の可能性を最小限に留める条件を探索しなければならない．これがゴム技術では用語として「混合」ではなく「混練」が用いられる理由の一つである．英語では mixing であるが，「練り」のニュアンスを出すのであれば rubber mixing とするほかはない．特に，補強性フィラーの混練はゴムの力学的特性の確保のために，最も重要な加工ステップである．ミキサーが進歩した今も，練りの技術の具体的な詳細（技能に相当するもの）はいまだ経験に頼

るところが多く，当面は試行錯誤法に頼らざるをえない．しかし，加工プロセスを一貫性，整合性をもって合理的に設計（デザイン）するうえでフィラーの補強作用をどう発揮させるかを深く考慮しなければならないから，補強効果の詳細とその作用機構の解明はゴム科学にとって必須の課題である．ゴム加工のプロセス設計に，本書の主題というべき補強作用の考察をどう生かすか，を考えながらお読みいただきたい．

本書を読み進めるうえで，補強をめぐってナノメートルの世界を理解するために有用と考え，ゴムとフィラー粒子などのおおよその大きさを比較して表2.1に示す．微視レベルから巨視レベルまで，ナノとミクロの世界である．

 酸化亜鉛：加硫において活性化剤として用いられる粒子
 炭酸カルシウム：粒子は後に述べる非補強性フィラー
 セグメント：ゴム分子におけるクーン長（Kuhn length）
 伸びきり網目鎖（架橋ゴム）：架橋ゴム中の網目鎖が高伸長により伸びきったときの長さ
 伸びきり鎖（未架橋ゴム）：ランダムコイル状のゴム分子鎖を引き伸ばしたときの長さ
 微結晶：架橋NRの伸長結晶化により生成する微結晶（crystallite）の大きさ

表 2.1 各種粒子径とゴムの構造因子の比較

nm	0.1	1.0	10	100	1000					
μm				0.1	1.0	10	100	1000		
mm								1.0	10	100
	微視的物体									
	素粒子	原子	分子	高分子						
粒子			カーボン							
			シリカ							
				炭酸カルシウム						
				酸化亜鉛						
ゴム			セグメント							
				ランダムコイル（ゴム分子）						
				伸びきり網目鎖（架橋ゴム）						
					伸びきり鎖（未架橋ゴム）					
				微結晶	球晶					
					ラテックス					
				TPEの分散相	ゴムブレンドにおける分散相					
								巨視的物体		

球晶：NRの低温結晶化により生成する球晶（spherulite）の大きさ

ラテックス：NRラテックス（NR latex）中のゴム粒子（rubber particle）の大きさ

TPEの分散相：熱可塑性エラストマー（thermoplastic elastomers：TPE）中で架橋点の役割を果たす分散相の大きさ

ゴムブレンドにおける分散相：ブレンドゴム中での分散相の大きさ

いずれもおおよそのサイズ範囲を示している．本書の学習中に，着目している「系」のサイズを確認するために表 2.1 を随時参照して，ミクロレベルでのイメージを頭に描きながら補強効果について考察する一助としていただけば，理解がより深まるものと期待される．

2.2 ゴム用非補強性フィラー

ゴム研究の初期には，とりあえず混ぜることが可能なものは「何でもゴムに混ぜてみる」ことによって経験的にゴム材料の性質などが明らかにされていった時期があり，ゴムに混合された配合剤（充てん剤）はおそらく莫大な種数になる．19世紀であってみればそうした試行錯誤法は，「奇妙なもの」として好奇心の対象でしかなかったゴムを取り扱うための，唯一の方法論であったかもしれない．グッドイヤーも，硫黄を架橋反応の試薬と想定して混入したのではなかったことは明らかである．しかしそのような状況下にあって，彼はゴムに硫黄と鉛白を混合し，加熱することによってゴムに起こった変化が，ほかの配合剤の場合とは（質的に）違ったものであることを見逃さなかった．試行錯誤の中で彼なりの何か第六感があったからこその，直観的判断といってよいだろう[1,2,4,5]．彼の発明になる「加硫」によるゴムの変化の本質が，化学反応であることが明らかになったのは20世紀になってからのことである[38]．文献38の著者 Weber は，過去に（つまり，19世紀末までに）試みられた無機・有機粒子を中心とした多くのゴム配合表について「それらの表はゴムに添加された無機および有機物の作用について信頼できる情報を与えない」と述べ，合理的な考察のために配合剤を（1）充てん剤，（2）硫黄化合物，（3）着色剤の3つに分類している．

こうした初期の努力を経て加硫ゴムが工業材料として一般的になった後には，加硫関係試薬が配合剤の中で区分されるようになり，各種配合剤について「ゴム製品の主たる特性の向上」の目的意識が明確となった．つまり，試行の対象となる配合剤の選定は加工性やゴム製品の特性ごとに，計画的・系統的に行うことが可能となり，ゴム技術者の努力が続く中で加硫関連試薬として加硫剤，加硫促進剤，加硫促進助剤，加硫活性化剤，早期加硫（スコーチ）防止剤など，劣化防止剤として酸化劣化，オゾン劣化，光劣化防止剤など，加工助剤として可塑剤，潤滑剤，混練に先立ってゴムの素練りを促進するためのペプタイザー（嚼解剤とも），加硫金型からの離型剤などが特化し分化していった．ほかにも，過酸化物などを含む加硫以外の架橋試薬（架橋反応の一種である「加硫」を含めて「架橋」の語を用いるが，加硫試薬は前出のためここでは特別に加硫以外の架橋の意），未架橋ゴム配合物の型崩れ防止剤，タック調整剤（タックとは未架橋ゴム配合物の粘着・自着性で，加硫前のゴム配合物の成形に重要），押出しや射出成型用の流れ調整剤なども工夫された．文献 39 や，1965 年発行の文献 12 でもフィラーあるいは配合剤の意味で pigment が頻出するが，NR に加えて合成ゴムも普及した 1960 年頃までには補強剤，増量剤などを充てん剤（フィラー）と分類するのが一般的となった[12,13,30~32,39~41]．以下，フィラーの中でも増量効果を兼ねた非補強性フィラーについて簡単に述べる．

　天然鉱物，他用途で製造されていた化合物，化学製造工程で副生した化合物など多様なものが，ゴム用充てん剤として試みられ，現在も各種ゴム製品の製造に用いられる．アルミナ三水和物（今も難燃性賦与に用いられる），クレイ（粘土），酸化亜鉛（現在は加硫の活性化剤として配合されるが，初期にはフィラーの位置づけであった），酸化鉄，タルク（滑石），炭酸カルシウム，炭酸マグネシウム，マイカ，硫酸マグネシウムなど，挙げていくときりがない．ここでは，日本で最もポピュラーな炭酸カルシウムを例にとり説明する[30~32]．

　炭酸カルシウム（$CaCO_3$）には重質炭酸カルシウムと呼ばれる天然のものと，軽質（あるいは沈降性）炭酸カルシウムと呼ばれる合成品がある．石灰岩を湿式粉砕して分級し，乾燥したものが前者で，ホワイティングなどがこれに属する．基本粒子径は 1~30 μm の範囲にある．後者は石灰乳（水酸化カルシウムを溶かし込んだ水性乳液）に炭酸ガス（CO_2）を吹き込み，生成した沈殿をろ

過・乾燥して後，粉砕して製造される．「軽微性（fine）」グレードでは 0.1〜5 μm，「極微細（ultrafine）」グレードでは 0.1 μm 前後の基本粒径である．重質品は粒径が大きくゴムへの補強効果は期待できないので増量剤であるが，特に脂肪酸などで表面処理したものは加工性の改善効果が認められ広く用いられている．極微細品は粒径が小さく，その会合・凝集を防ぐ目的で有機物による表面処理されたものが市販されている．加工性の改善とともに，ある程度の補強性も期待できる．また，製品として黒色を避ける場合などに重宝されるようだ．この点では軽微性品も同じである．基本粒子の粒径が 0.1 μm 以下のナノ粒子と同じく，炭酸カルシウムでも凝集塊形成は一つの問題点として認識されてきた．しかし，粒子間相互作用の効果はナノ粒子に比べて低く，表面処理などの手法により解決が図られてきた．多くの非補強性フィラーの場合，混練過程での機械的せん断力によって凝集塊は崩壊するとされている．ここでは高分散性の追及，すなわち「ストラクチャー」（2.4 節参照）の形成を避ける手法が，実用化への途であったといえよう．

　炭酸カルシウムに限らないが，機械的粉砕法の進歩によって基本粒子径が 1.0 μm 以下の粉体が普及しつつある．その中にはゴム用として再検討すべきものもあるに違いない．しかし，粒径のナノメートルレベルへの極小化は必然的に凝集体形成を伴っている．この問題点は，次節に説明するゴム用ナノフィラーとして確立している既存の粒子に共通するものではあるが，凝集体形成を阻止するのに有効な一般的な処方箋は無く，粒子ごとに対応を考えなければならない．あるいは，本書の最終的な結論を先取りして述べるなら，凝集体形成を阻止するのではなく，逆に凝集力を補強に有利な高次構造形成（structuring）に導く試みを意図すべきである（ここで "structure" はゴム分野に独特の意味で用いられている．2.4.3 項を参照）．さらに，フィラー充てんはゴムの「高分子溶媒」としての特性を生かした技術であり，補強だけではなく機能性フィラーによる高度な機能性の賦与などの新たな展開も期待される[4,5,7,42]．

2.3　補強性ナノフィラー

　粒径がナノメートルのフィラーすなわちナノフィラーは，ナノテクノロジー

の進展に伴ってカーボンブラック (CB) と粒子状シリカ (particulate silica) 以外にも多くの粒子が知られるようになった．しかし，それらの大部分は「化学的な」あるいは「生化学的な」機能性に着目したものであり，ゴムの補強用フィラーに要求される化学的な安定性（つまりは化学反応性が低いこと）を欠いている．それらの中に，将来ゴム用として有用なものが現れたとしても補強よりは機能性フィラーに分類すべきものが多いであろう．また，最近注目されているナノファイバー（ナノ径の炭素繊維など）充てんゴムは異方性材料であり，ゴムに対しては材料科学的に別種素材とみるべきなので本書では論じない．しかし，短繊維充てんにおける無配向かつ一様分散，リグニンなどが球状に近い状態で一様分散などが可能な場合には補強性フィラーとして作用する可能性があり，リグニンの章（第7章）で言及する．また，炭素同素体などのナノ化合物でも，ゴムの機能化のみならずゴム補強の可能性はここ数年流行の課題で論文数も急速に増加している．CB と粒子状シリカ，およびその他の可能性について以下に概説する．

2.3.1 カーボンブラック (CB)

カーボンブラック (carbon black：CB) は，すす（煤）として古くから知られている有機化合物の燃焼による生成物，つまり，煙に含まれて立ち昇る炭素粒子である．現在，工業的に製造されている CB を表 2.2 に示す．

表 2.2 CB 一覧

ASTM 番号 N[a)]	基本粒子径 (nm)	一般名
900〜999	201〜500	MT (medium thermal)
800〜899	101〜200	FT (fine thermal)
700〜799	61〜100	SRF (semi-reinforcing furnace)
600〜699	49〜60	GPF (general purpose furnace)
500〜599	40〜48	FEF (fine extrusion furnace)
400〜499	31〜39	FF (fine furnace)
300〜399	26〜30	HAF (high abrasive furnace)
200〜299	20〜25	ISAF (intermediate super abrasive furnace)
100〜199	11〜19	SAF (super abrasive furnace)

[a)] N は番号の前に置かれて CB のグレードを表示する．例えば，「N 330」のように用いられる．N 330 は一般に HAF と呼ばれ，ISAF とともにゴム用補強性フィラーの代表的なグレードである．

2.3 補強性ナノフィラー

　これら CB の中でゴムの補強用として使用されるのは，オイルファーネス法により製造されたもので，多くの場合基本粒子径が 50 nm 以下の CB である．例えば，タイヤのトレッドゴム用としては HAF と ISAF が最も多用されている．粒径が 100 nm 以上のガスファーネス法によるサーマルブラックはゴム用としては補強以外の用途，あるいはペイント用などに利用されている．今世紀になって，石油など炭素資源の枯渇と CO_2 の地球温暖化への寄与の観点から，「脱カーボン」の気運が高まっている[43]．一見そうした傾向に逆らうかのように，ナノカーボンを中心として CB を含めたカーボンアロトロープへの関心は決して薄れてはおらず，機能化を軸にさらなる研究・開発活動が続いている．本書ではゴム用ナノフィラーとして中心的に HAF を試料として検討している．

　一般的にナノ粒子の単位重量あたり表面積は格段に大きいから，表面特性が重要であることはいうまでもない．表面性質の特性化のために，チッ素吸着（チッ素ガス吸着による全表面積），ヨウ素数 (iodine number；CB 単位重量あたりのヨウ素吸着量で，粒子径が小さいほどヨウ素数は大きい)，DBP 値（CB 100 g に吸着されるフタル酸ジブチルの立方センチメートル体積で，値が大きいほどストラクチャーが発達していると解釈されてきた），CTAB 値（cetyltrimethylammonium bromide は細孔からは排出されるとして，ゴム分子が吸着可能な表面積を算出する方法）など多くの手法が適用されてきた[12,31,44~46]．しかし，ナノフィラーである CB のアグリゲート (aggregate，凝集体) 形成，凝集体のさらなる会合によるアグロメレート (agglomerate) などの高次構造形成（これらは従来，「ストラクチャー形成」と呼ばれてきた．2.4 節を参照），さらには CB 表面の有機官能基の存在などによってこれら測定値の意味するところはかなり複雑であり，測定値の解釈が一義的 (uniquely) には決まらない場合がある．これらの伝統的手法による CB の表面特性化はさらに改善が必要で，標準手法の確立が待たれているのが現状ではなかろうか．表面科学の進歩は近年著しいものがあるから，多くの手法のさらなる改良・発展が期待される．本書に述べるゴムマトリックス中の CB（特に，2.4.2 項に述べるバウンドラバー）の解析結果から遡って，CB の表面特性を推定する逆のアプローチが有効な場合があるかもしれない．

　表面科学的な解析が困難に直面する中で，1960 年代まで盛んだった CB 表面

の化学改質の研究[47]も十分な展開を見せていない．実は，CBの補強はCBとゴムとの化学反応によると初期には信じられていた[48]．当時用いられていたチャネルブラック（channel black）は表面にフェノール性水酸基などの官能基が存在し，NR中の塩基性部分と反応することが，補強の原因だと推定されていたのである．CB表面に反応性の官能基が存在することは確かであり，活発な化学改質の研究が行われていた．しかし，官能基濃度は低く化学反応条件の工夫は決して容易ではなかった．古くに用いられたチャネルブラックや表2.2に示すMTやFTなどのサーマルブラックで可能であった化学反応も，1960年代後半からゴム用に広く用いられてきたファーネス法によるCBには十分な効果を発揮できなかった．CB製法の変化により表面官能基濃度が1/10以下に減少したことによると考えられている[44, 46]．ちなみにチャネルブラックは表面が酸性であったから，当時の加硫促進剤の高反応性を抑えてスコーチタイムを確保するのに好都合であった．新たに現れたファーネス法によるCBは表面が塩基性であって，スコーチ耐性を保つためにスルフェンアミド系を中心とした遅効性加硫促進剤が当時の促進剤系の座を奪っていった歴史がある．現在では，CB充てんジエン系ゴム，つまりNR，SBR，BRについては遅効性加硫促進剤の利用が必須となっている．補強のためのCBの変化が加硫反応系の変化を要求したもので，技術の世界における内部的要因による変遷の例である．

　補強性フィラーとしてのCBのゴムへの添加効果，すなわち補強による物性の向上に関してはすでに無数の報告がある．既出の文献12だけでなく文献30〜32，39〜42，44〜46などに引用されているだけでもかなりの数があり，その数百倍あるいは数千倍を超えると推定される膨大なレポート数を考えると，それらのすべてを網羅したレビューは不可能であろう．また，多大な労力をかけて実行しても，前記したCBの表面科学特性の複雑さを考慮すると，引張り測定結果の解釈としてそれら多くの報告に展開されている補強のメカニズムに関する考察は，そのまま受け入れ難い点が問題となる．世界的に著名な物理学者である久保亮五は，若き時代の著書『ゴム弾性』[49]で次のように書いている．

　　「ゴムの実験をやるにはいろんな条件をはっきり与えておかないと，学問的な資料としての価値に乏しくなる．応用的な立場からの物理的性質についての試験の資料は実に膨大であるが，物性論的な考察の基礎になるものが

案外少ないことは残念である.」

本当に「残念」なことに，60年前に久保が忠告したこの状況は今も大きくは変わっていないかに思われる[4,5]．本書では，ASTM，DIN，JIS，ISOなどの工業規格に準拠したゴムの一軸引張り試験（それら規格に基づくデータは品質管理および経済的な必要性によるもので，必ずしも科学的な考察に有用ではないことに留意しなければならない）を中心とした莫大な結果の総まとめではなく，ゴム関係の成書・総説に引用された主要文献を参照する方針で，考察を進めることとする．

2.3.2 シリカ

シリカ粒子（particulate silica）は表2.1に示されているように，CBよりも小さな粒径のグレードもあってCBと同様にナノフィラーに分類できる．カーボン補強に比べてシリカ補強の一般的な特徴は，引裂き強さの改善，発熱性（heat buildup）の低下，タイヤなどゴム製品の組み立てにおけるゴム配合物間の張り合わせ（タックと呼ばれるゴムに特有の粘着性）に優れていること，などである．市販されているシリカ粒子には，乾式法シリカ（fumed silica）と湿式法シリカ（precipitated silica）がある．前者は後者よりも微細な粒子も市販されているが，ゴム用にはより低価格な湿式法シリカが使用される．文献12の第13章のほか，文献40，41，50などを参照いただきたい．しかし，粒子表面のシラノール基の存在により，水素結合に基づくフィラー間相互作用がゴム-シリカ相互作用に勝るため，粒子の凝集により同じ粒径のCBに比べて補強効果は劣っているとされてきた．言い換えるとCBよりも表面の化学反応性が高いので，この化学反応性を利用した手法が有効である．最終的に，工業的にも成功したのはシランカップリング剤の利用であり，カップリング剤（coupling agent）が仲介したシリカとゴムの化学反応によってCBに匹敵する補強効果を示すようになり，近年ではタイヤへの利用も増加しつつある[4,5,19,20]．カップリング剤の利用は複合材料の高性能化の手法の一つで，ゴムでの成功手法はプラスチックなどの他分野にも応用されている．

さらに，アルコキシシランの加水分解とシラノール基の重縮合反応によってシリカ粒子の「その場生成」，すなわち，ゾル-ゲル反応によるゴム中での*in* *situ* シリカ生成が可能である[3~5, 19, 20, 51~53]．石油から加熱炉中で製造される CB では考えられないゴムへの新しいナノフィラー充てん方法で，将来的な実用化に向けた開発段階の準備が急がれている．このように化学反応性の点で，CB とはまた異なったナノフィラーとして本書ではシリカに一章をあてている（第 6 章）．

2.3.3 球状粒子以外のゴム補強材料

アモルファス材料であるゴムにとって，ゴム製品はソフトで等方性であることが特徴といえ，充てん剤としても等方性の球状粒子が選択されることが多い．しかし，フィラー自身は異方性であっても均一分散して無配向であれば，フィラーのサイズよりもマクロなスケールでは等方性とみなすことができる．実際，CB でも基本粒子の「球状」はあくまで近似のレベルに依存するモデルであり，ゴム中への分散主体は CB の一次凝集体である．凝集体は基本的に異方性であるから，異方性フィラーであってもランダムな配向と均一分散により，あるいは本書での最終結論を先取りしていえば，ゴムとの界面での適当な濡れとネットワーク状のストラクチャー形成が可能であれば，ゴム用補強性フィラーとしての可能性がある．短繊維などでも性状によって検討の余地は十分にあるだろう．

また，CB やシリカのような無機粉体のほかにも，有機フィラー，特にバイオフィラーの利用にも大きな可能性がある．具体例として第 7 章では，天然の有機高分子であるリグニンについて，著者らの研究[52, 54, 55]を含めゴム用補強性フィラーの可能性を検討し，NR をマトリックスとするバイオナノコンポジット（bio-nanocomposite）としての将来展望も考察している．リグニンは製紙工場から大量に排出される副産物であり，補強性フィラーとしてタイヤに利用できれば，資源リサイクルの観点から持続的発展（sustainable development：SD）に大きく貢献できる可能性がある．リグニン以外にも天然物を中心にまだまだ可能性があることは確かで，さらに，ナノセルロースや平板状のグラフェンなども工夫の余地が大きく，ゴム用の補強性フィラーの新素材として検討が始まっている．

2.4 補強因子：バウンドラバーとストラクチャー

2.4.1 補強作用の考え方

補強性フィラーの混合によるゴムの補強効果についてはさまざまな考え方が提案されてきたが，数多くの実験データをもとにして20世紀半ばには，粒子サイズが1.0 μm以下のフィラー，すなわちナノフィラーであることがゴムの補強に一般的に必要な条件として認められるようになった．2.1節に述べたように加硫試薬，加工関係配合剤などがゴム加工に必要な配合剤グループとしてまとまり，最終ゴム製品の力学的特性に着目してフィラーが，そしてフィラーの効果が補強と増量に大別される中で，ナノフィラーの補強作用がゴム技術の中心的な課題となったわけである．

1960年代からは補強因子が，フィラーとゴムおよびフィラーとフィラーの2つの相互作用によって中心的に議論されるようになった．すなわち，
(1) ゴムマトリックス中でのナノフィラー界面でのバウンドラバー（bound rubber）の形成を主要な因子とするフィラーとゴムの相互作用に着目した考え方
(2) ナノフィラーの会合による凝集体（アグリゲート）形成とその凝集体のさらなる会合体であるアグロメレートを考えて，補強要因としてフィラーのストラクチャー形成（structuring of nanofiller）を主張するフィラーどうしの相互作用に重点を置く考え方

の2つであった．しかし，この2つの補強因子の相互関係については今まで十分な検討がなされてこなかったように思われる．

ある時期は，溶剤に不溶な成分としてのバウンドラバーの実験的な確認がなされたことをも踏まえて(1)の正しさが一般的に認められてバウンドラバー説が焦点となり，(2)も補強に関係するのかどうかの討論が盛んであった．ナノサイズが補強性フィラーの必要条件であることから，フィラー表面のバウンドラバーによってフィラーがゴムマトリックス中に可溶化される，つまり，ゴム中に均一に分散すると推定された（これは合理的な推定といえる）ので(1)が有力となったからである．さらに，ストラクチャー形成はその最終的な構造と

して，ゴムの架橋反応によるゴム分子鎖の3次元ネットワーク構造とは独立の，ナノフィラーによるネットワーク構造が想定された．しかし，そのネットワーク構造の実験的な確認が困難であったため，議論に最終的な決着がつかないままに21世紀を迎えることになった．

本書の主題は，3次元透過電子顕微鏡（3D-TEM）を用いたフィラーネットワーク構造の解明と，両者，つまりバウンドラバーとフィラーネットワークの関係を解明することである．第3章から第8章までの本論に先立って，本節で両者について簡単に説明する．

さらに，フィラーによるゴム補強における機構考察の観点から，ペイン（A. R. Payne）が文献12の第3章で解説したHydrodynamic（流体力学的），Strong Links（強い結合），Structure（ストラクチャー）の3つの効果が，長年にわたりそして21世紀になった今も，ゴム研究者・技術者により活発に議論・考察されてきた．ここで「強い結合」はバウンドラバー効果と同定できるが，Hydrodynamicについては過去に（ペイン以前にも，そしてペイン以後にも）多くの記述があったにもかかわらず，理論的観点からはいまだ決着していない側面がある．この点を考慮して，Hydrodynamicすなわち「流体力学的効果」について歴史的な経過をまとめて2.4.4項で説明する．

2.4.2 バウンドラバー

バウンドラバーはFielding[56]が最初に使い始めた言葉のようであるが，ゴムの良溶媒で抽出されないゲル成分（3次元ネットワーク構造体）として実験的に定量化されたことから，CBでは特に「カーボンゲル」と呼ばれることも多い．CB以外のフィラーでも同様な研究が活発に行われ，「フィラーゲル」の用語も用いられた．しかし，ゲルはポリマー関連およびコロイド科学における術語として確立しており，また本書ではフィラー自身のネットワーク構造の形成を議論しているので，バウンドラバーに対して，これらのゲルを含む用語は用いないことにする．さらに，広幅核磁気共鳴法などによってフィラー粒子とゴムの界面でのバウンドラバー層の運動性が評価され，ほかのゴム成分に比べて低運動性成分としてその厚みが測定されるようになった．この場合には，ゴムマトリックス中の液体と同様に活発なミクロブラウン運動しているゴム成分と

比較して，バウンドラバーは「不動層」（immobilized layer）と呼ばれることが多くなった．層の厚みや分子運動性を議論するときには，この表現は適切で理解しやすい．しかし，「不動」は全く動かないことを意味しているのではなく，運動性が低下していると解釈すべきである．本書ではバウンドラバーと不動層をほぼ同じ意味で用いている．

バウンドラバーの概念が広く普及したのは，1965 年発行のクラウスの編集になる文献 12 が世界的に読まれたからであり，その第 4 章および第 12 章は今もってバウンドラバーを理解するうえでは必読である．第 8 章の第 3 節にはカーボンゲルの記述があり，この用語は 1925 年に Twiss が報告している[57]との記載がある．また，これらの章・節には CB のみならずシリカについても言及されており，古くからバウンドラバーの概念は興味を持たれていたことがうかがえる．日本では古川が 1943 年に発表したとして，フィラー粒子が架橋したゴム層で覆われた図を 1957 年に再録として公表しており[58]，その後，バウンドラバーがゴム架橋体であるとする論文[59]も発表されている．しかし，最も影響力をもったのはブリジストンの藤本らの研究成果として提案された CB 配合加硫ゴムの不均質モデル[60,61]であろう．それを図 2.1 に示す．

図 2.1 において，A は活発なミクロブラウン運動下のゴムマトリックスであり，B は加硫点の不均一な分布により高濃度の加硫点存在域に形成された硬質ゴム領域，C は CB 粒子表面に形成されたバウンドラバーあるいはゴムの不動層である．CB 配合の加硫ゴムにおいて，ゴム相は A, B, C の 3 種から成る不均質なものであることが示されている．C は近隣 CB 粒子の表面間距離であり，

図 2.1 CB 配合加硫ゴムの不均質モデル[60]

$\bar{R}$ は近隣 B 領域の表面間距離である．ゴムの不動層 C の厚みは広幅核磁気共鳴法により，B の存在および $\bar{C}$ と $\bar{R}$ は X 線小角散乱（SAXS）法により見積もられた．CB 配合ゴムにおけるバウンドラバーのイメージは，定性的にはこの図に余すところなく表現されている．1960 年代に開始されていたと推定される彼らの研究は，ゴム科学のみならず技術学一般を見渡しても世界のトップを行く先駆的なものであった．図 2.1 に類似した説明図（B 相を除く）は，1960 年代後半から多くの論文に利用されてゴム研究者・技術者に広く知れわたるようになった．その後も活発な研究が行われ一定の進歩はあったが，藤本らが図 2.1 に示したバウンドラバーの概念[60,61]と不動層の厚み約 5.0 nm[61]を根本的に否定するような結果は発表されていない．バウンドラバー（不動層）の多くの研究によりその精密化は進んだが，図 2.1 に示された基本的な側面は数十年間根本的な修正を受けることはなく，藤本のモデルは今も有効である．

2.4.3 フィラーにおけるストラクチャー

ストラクチャーはあまりに一般的な用語であり，化学者の間では分子構造（molecular structure）と理解されるであろうし，物理学者はミクロからマクロに及ぶ広範な物質の内部構造を考えるだろう．工学分野でも，建築のデザイン関係での構造だけではなく，土木・機械技術者の構造力学（主として静力学），素子（デバイス，device）を扱う電子技術者などの機能を規定する内部構造の追及など，広範な分野で「構造」は頻用される用語である．日本のゴム関係者以外の場では，誤解を招かぬように十分注意する必要があるだろう．英語では単に structure ではなく，filler structuring と表現しないと海外のゴム技術者にも理解されない場合がある．

文献 12 の第 10 章には CB の製造法が記述されている．そこではストラクチャーが次のように説明されている．

> 'Structure is defined as the degree to which the black particles are combined to form stable agglomerates. High structure results in high oil adsorption capacity.'

ここで agglomerate は前記の aggregate（primary aggregate と higher aggregates）を含めた意味と解釈すべきで，後半の high structure は，本書で agglomerate を

2.4 補強因子：バウンドラバーとストラクチャー　　27

higher aggregates の中でも最も高次の会合体として用いているのと同じ意味と解釈できる．従来の理解は，DBP値などの「表面特性評価において高い値を与えるものは高ストラクチャーのCBである」であったからである．DBP分子が吸着剤としては比較的サイズが大きいと考えた解釈で，DBPのCB表面への吸着よりもアグロメレートの内部に形成される3次元的な空隙に閉じ込められ（吸蔵され）た（occluded）DBPを想定しているようだ．しかし，3次元的な空隙がどの程度形成されているかは不明で，むしろDBP吸着量がその目安と推定されていた．フィラーの表面吸着を考えると，CBが会合すればアグリゲート（凝集体）やアグロメレートの表面積が（同数の基本粒子の全表面積より）少なくなって，一般的な被吸着分子による吸着実験では低ストラクチャーと評価されてもおかしくはない．したがって，吸着の機構が一義的には決まらない可能性を否定できず，測定値が測定条件などに微妙に依存する可能性が高い．DBP値などの表面積評価法は再検討の余地がある．アグリゲートがさらに会合したアグロメレートを考えると，3次元的に形成された内部空間への吸着剤の吸蔵の可能性も大きくなるが，表面吸着と吸蔵による効果とが定量的に区別できる場合を除いて，あいまいさを排除できない．これら複雑な事情から，ナノフィラーの表面解析に改善の余地が残されていると前述した点は，さらなる検討が必要である．

　この第10章の記述でより重要なことは，ファーネス法によるCBの製造における生成物は，必然的に凝集体であることだ．図2.2には，オイルファーネス法，ガスファーネス法のどちらのプロセスの製品であっても，炉内での基本粒子（primary particle）生成と同時に幾つかの基本粒子が凝集したアグリゲートとなっていて，炉から回収されて我々が手にするのは基本的にCBの一次アグリゲート（primary aggregate）であり，さらに高次のアグリゲート（higher aggregate）の生成も示唆されている[62]．回収直後にすでに，一次だけでなく二次以上のアグリゲートを含む可能性があり，それらが運送や貯蔵中にさらに会合（aggregate growth：AG）し，より高次のアグリゲートあるいはアグロメレートと称すべき会合体も含んでいる可能性が高い．事実，我々が使用する市販CBは図2.3の透過電子顕微鏡写真が示すように，CBの基本粒子の状態ではなく，それらが会合した一次アグリゲート，さらに一次アグリゲートが会合した高次

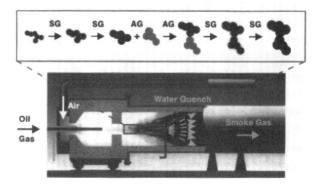

図 2.2 ファーネス法による炉中での CB の生成[62]

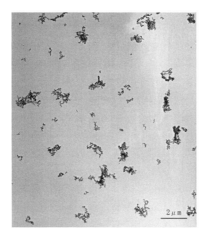

図 2.3 市販 CB の透過型電子顕微鏡写真の一例(市販品をワックスに分散させて測定した)

凝集状態にある.

ゴム加工の第 1 段階である機械的な練り (mixing) において,せん断力がかかっても,高次のアグリゲートとアグロメレートのみが崩壊し,CB の一次アグリゲートは基本的に分解しないとされている.過去の文献を参照する際には,これらの点を頭に入れて注意深く読むべきである(加工段階での会合状態の変化については 2.5.3 項を参照されたい).また,CB の基本粒子を真円で表現し

た CB は粒子状の「モデル」で，その表面は多くの細孔を有しフラクタルとしての取扱いが必要である．加えて現実の CB は常にその会合体であるから，真円としての表示はモデルとしてさらに研究を進めるための作業仮説と考えるべきものである．すなわち，炉内で基本粒子が生成し，生成と同時に拡散律速的に会合して，図 2.2 に示す SG と AG を繰り返して基本的に一次アグリゲートが回収される．実際に使用される段階では図 2.3 に示されるようにさらに高度に会合したクラスター状態であることを，今一度確認しておく必要がある．

2.4.4　フィラー添加の流体力学的効果

文献 12 のさらに大きな特徴は，自身もバウンドラバーに関連する優れた研究を行ったクラウスが，編者としては第 1 章にブッケ（B. Bueche）[63] による「補強におけるネットワーク理論」を，そして第 3 章にはペインによるゴムの動的特性の解説を置いたことであろう．この第 3 章において，後にペイン効果として知られることとなった興味深い特性の記述には，HAF や ISAF カーボンに対して "structural carbon" の表現が多用されている．すなわち，クラウス自身は決してバウンドラバー説だけに傾いていたのではなく，ストラクチャー説にも配慮していた．

ペインは第 3 章において，動的特性としてのペイン効果を説明するのに図 2.4 を用いた．この図は補強効果一般を説明するために，その後数十年間多くのゴム研究者により繰り返し用いられ，多くの論文に転載されてきた．しかし，ペインが「定性的表示」としたこの図は，ペイン自身は動的特性（対象となっている歪は比較的小さい）の解釈のために提案したにもかかわらず，多くの研究者・技術者によって引張り強さ（破断値）に至る一軸引張り特性の解釈にもほぼ同じ図が多用される結果となった（この点は，結果的に補強作用の理解を一般的に深めた点を考えると，「悪用」ではなかったかもしれない．そうであっても，「誤用」あるいは「乱用」のそしりは免れないと思われる）．

興味深いことに，この図で 1 番目の因子として挙げられている流体力学的効果（hydrodynamic effect）の概念は，「アインシュタイン奇跡の年」[64,65] と呼ばれる 1905 年に彼が発表した論文の一つ[66] にその起源がある．ブラウン運動の理論的扱いを記述したこの論文の延長線上に，アインシュタイン（A. Einstein）

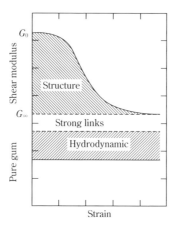

図 2.4　動的せん断弾性率と歪み関係の定性的表示[12]

粘度式[67~70)]が提案された．

$$\eta = \eta_0(1+2.5\phi) \tag{2.1}$$

ここで，η は剛体球を分散させた液体の粘度，η_0 は純液体の粘度，ϕ は剛体球の容積分率である．アインシュタインはこの式を次のように説明している[70)]．

> 'If very small rigid spheres are suspended in a liquid, the coefficient of internal friction is thereby increased by a fraction which is equal to 2.5 times the total volume of the spheres suspended in a unit volume, provided that total volume is very small.'

これらの論文は，アインシュタインがチューリヒ大学に提出した学位論文「分子の大きさを求める新手法」に関連していて，当時の Landort と Börnstein の物理学と化学の定数表を用いて計算したアヴォガドロ数（1 mol の分子数）として $6.56×10^{23}$ が報告されている[68,70)]．現在用いられている値は $6.022×10^{23}$ であるから，当時の値としてかなり正確なものであった．アインシュタイン自身は「分子の大きさを求める新手法」に関心をもっての研究であってブラウン運動に着目したのではなかったが，関連性を意識してはいた．事実，これらの論文はペラン（J. Perrin）によるブラウン運動の可視化による分子の実在を証拠立てた研究[71,72)]につながったもので，歴史的意義をもつアインシュタインの研究成果の一つとされている[73~75)]．彼とは独立に Hatschek[76)] も同様な式を導出

しているが，係数は 4.5 で式 (2.1) の値 2.5 と異なっている．Morawetz によればアインシュタインの 2.5 が正しい[74]．

引用したアインシュタインの説明にあるように，この式は (1) 分散媒が剛体球の表面を濡らし，(2) 表面と分散媒の化学反応はない，の 2 つの仮定に基づくアインシュタイン独自の理論計算の結果であり，(3) 懸濁液体の粘度は剛体球の体積分率にのみ依存しその大きさには依存しないことを示している．彼の計算のユニークな点は，統計的な揺らぎ（fluctuation）の概念が用いられていることであり，P. Langevin の fluctuating force (1908)，さらに L. Onsager (1931) や久保亮五 (1951) による fluctuation-dissipation theorem の先駆けとなった．式 (2.1) の適用範囲は低濃度域（分散した剛体球は孤立状態にある）に限定されているから，いくつかの改善式が提案されてきたが，最も頻繁に利用されたのはアインシュタイン式をより高次まで拡張したグーチ・ゴールド（Guth-Gold）式であった[77]．

$$\eta = \eta_0(1 + 2.5\phi + 14.1\phi^2) \tag{2.2}$$

式 (2.2) の二乗項の係数「14.1 はどのようにして得られたか？」について興味深い逸話がある．大学院生のゴールド（O. Gold），グーチ（E. Guth）と R. Simha（米国コロンビア大学）はウィーンの夏の長い夕刻，とあるカフェでコーヒを飲みながらのおしゃべりを楽しんでいた．そのとき「アインシュタイン式の係数 2.5 のより高次の係数は？」という疑問が出され，「よし，ここで計算してみよう！」となってナプキン上で計算が始まった．アインシュタインの計算を思い浮かべて，ああでもないこうでもないと議論しながら，最後に式 (2.2) の 2 次係数 14.1 が得られ「余興」はめでたく終わった．帰宅してグーチは先ほどの計算を反芻していて，はたとひざを打った．「そうだ，あの計算結果はオリジナルだから論文にできる！」翌朝，出勤前にカフェにかけつけたところ，残念なことに計算用紙に用いたナプキンは昨夜すでに洗濯に出されてしまっていた．「しまった！」と思ったけれども気を取り直し，米国に移住して後，ゴールドとの共著のオリジナル論文[77] が公表された．ただしこの文献は講演の要旨で，計算の詳細は説明されていない．ちなみに，グーチと，ドイツの IG 社からウィーン大学に赴任した H. Mark との共著論文[78] は統計力学的取扱いによってゴムのエントロピー弾性を明らかにした初期の歴史的重要論文の一つで

あり[75,79]．2人はヒットラーのオーストリア併合を嫌って米国に亡命した．

J. E. Mark が編者となっている文献 80 は，もともとがグーチの 85 歳の誕生日（1990 年 8 月 21 日）を祝って企画された書であるが，7 月 5 日に亡くなったために追悼の書となってしまった．先に紹介したウィーンのカフェでの話は，W. H. Stockmayer がその第 1 章で紹介している．さらに，文献 77 に記されていない式 (2.2) の計算の詳細は，1937 年にゴールドがウィーン大学に提出した学位論文（O. Gold, Beitraege zur Hydrodynamik der zaehen Fluessigkeiten, Dissertation, Universitaet Wien, 1936）に書かれていることも，ここに記されている．グーチは 1937 年にノートルダム大学の物理学研究室に着任し，米国の大学における高分子研究室の嚆矢となった．H. M. James と共同で後に phantom theory として知られるようになるゴム弾性理論の提案[81]はその成果であり，この理論は 1960 年代にはもう一人の James により数学的にさらに洗練された[82]．Stockmayer がウィーンのカフェでグーチらと同席したとしている Simha はウィーン大学を訪問中のここでの話に興味を覚え，帰国後 1940 年には「溶液粘度へのブラウン運動の影響」と題する論文を執筆している[83]．溶液論の分野で広く引用される論文である．

これら 2 つの粘度式をゴムの弾性率に置き換えた理論の構築によって，ゴムの補強に流体力学的な容積効果が導入されることとなった．すなわち，スモールウッド（H. Smallwood）はゴム（ゴムはガラス転移点より高温で液体であること，つまり高分子溶媒である[4,5,7,22,42]）を分散媒と考え，式 (2.1) のアインシュタインの計算を参考にして，ゴムのヤング率（E）への球状フィラー（剛体球と近似）の効果を計算した[84]．結果はアインシュタインの粘度式と同じく 2.5 の係数を与え，

$$E = E_0(1 + 2.5\phi) \quad (2.3)$$

が得られた．これがスモールウッド式である．一方，新しい研究室を立ち上げて勢いに乗ったグーチはグーチ・ゴールド式 (2.2) を出発点としてゴムへの CB 充てん系に対して次のグーチ式を提案し[85]た．

$$E = E_0(1 + 2.5\phi + 14.1\phi^2) \quad (2.4)$$

さらに CB が理想的な球形とは限らないと考え，粒子が球状でない場合についても適用可能なように剛体粒子の形状因子 f を含む計算を行い，次式も提案し

2.4 補強因子：バウンドラバーとストラクチャー

ている．

$$E = E_0(1 + 0.67 f\phi + 1.62 f^2 \phi^2) \tag{2.5}$$

ヤング率 E は，せん断弾性率 G と次の関係にあることは勿論である．

$$G = E/3 \tag{2.6}$$

　ゴムとは全く関係のないアインシュタインによるブラウン運動の研究から，ゴムの弾性率への充てん剤の効果を評価する式が生まれて，ゴム研究者・技術者の役に立つことになったわけである．この興味深い研究上の「発想の転換による新分野への適用」に先手を打ったのはスモールウッドかグーチか？　実は，論文 84 と 85 はともに，1944 年 6 月 24 日に開催された米国物理学会の高分子物理部門の発足第 1 回部会での講演内容が論文化されたものである．したがって，2 つは全く同時に公表されている．スモールウッドは U. S. Rubber 社の技術者でグーチの論文 77 を知らずに，アインシュタインの式から発想したと考えられる．一方，グーチは理論物理学者であったから「ゴムの補強のように技術的な問題を考えるはずはない」というのが普通の考えであろうし，ゴム関係企業との接触もなかったようである．しかし，前述のように彼はウィーンで H. Mark の示唆を得てゴム弾性論の計算を行い，歴史に残る論文 78 の共著者である．ノートルダムに赴任した直後の物理学会年会でも，論文 77 だけでなく「ゴムの熱弾性と構造」と題する Dart との共同研究も発表している[86]．H. Mark との共同研究を通じて早くからゴム弾性に興味を持った数少ない理論物理学者であったと認められる（文献 80，特に H. Mark の簡潔な回想と，前述の Stockmayer による第 1 章．および文献 87 を参照）から，スモールウッドとは独立にゴム弾性率の計算を始めたと考えられる．この件について両者に等分の功績を認めるべきであろう（ただし，グーチの計算にはその後多くの疑問が寄せられた．スモールウッドの式は正しいが，2 次項つまり剛体球間の相互作用を入れた場合の数学は粘度と弾性率では同レベルでの数学計算では済まないので，グーチの式は正しくない．しかし，ゴム関係者の多くにこの点はいまだ受け入れられていない．2.5.4 項を参照いただきたい）．

　このように，アインシュタイン，スモールウッド，グーチの 3 人により理論的立場から明らかにされた流体力学的効果を，ゴムを分散媒としたフィラー充てん加硫ゴムの実験で検討した報告は，おそらく Cohan のもの[88,89]が最初で，

その後多くのゴム研究者により莫大な数の実験結果に適用された．しかし，ほとんどの結果の示すところは，式 (2.3)，(2.4) ともに非補強性あるいは半補強性フィラーの挙動をほぼ説明するが，CB やシリカなどの補強性フィラーについては実測より低い計算値しか与えない，というものであった．すなわち，流体力学的な体積効果だけでは，2 次項（粒子-粒子間の相互作用を考慮していることになる）まで取り入れたグーチ式であってもゴムの補強効果を充分には説明できず，実用的な意味では増量剤・半補強性フィラーとしての役割を説明するものであった．

形状因子 f をパラメーターとした式 (2.5) を用いれば，一軸引張りデータでも中変形領域まで実験値と合わせることが可能であった．しかし f の値は数十以上，数百に及ぶ異常に大きな値となることが多く，形状因子を考慮した式 (2.5) の適用性も十分ではないとされた．しかし，ペインは形状因子を基本粒子のそれに限定していたのではなかった．すなわち，彼は文献 12 の p.93 に次のように書いている．

'…the hydrodynamic effect, well-known to be dependent on the shape factor, f, of the filler particles or agglomerates…'

非常に大きな形状因子が基本粒子のそれではなく，一次アグリゲートやそれがさらに会合した高次アグリゲートのものと考えるならば，非常に大きな f も「異常」とはいえないであろう（驚くべきことに，この点は理論家であるグーチが式 (2.5) を導出した論文 85 ですでに言及している．彼の直観的なゴム理解は，実験家のそれを上回る場合もあったようだ）．もっとも，形状因子（アスペクト比）の概念からすれば，非常に大きな値の意味するところは解釈が困難，あるいは通常の解釈をすべきではないのかもしれない．逆にいえば，ゴムに混練されたナノフィラーは，加工工程を経て得られた加硫ゴム中では基本粒子のまま，あるいは一次アグリゲートのかたちでゴム中に分散しているのではなく，さらにその高次アグリゲートとしてゴムマトリックス中に分散していることを示唆している（2.5.3 項を参照）．

ペインは図 2.4 に示されている 2 番目の因子である「強い結合」を次のように説明している．

'A second factor for which evidence is given suggesting that it arises from a

few strong linkages which are known to link filler particles to the matrix.'
バウンドラバー説支持者の多くにより，これは補強へのバウンドラバーの寄与として解釈され，この寄与分を拡大した図も現れた．「強い結合」については，ペインはブッケによる「2つのフィラーをつなぐ鎖の概略図」（文献12, 第1章の図1.20．もともとは文献64で発表された）が頭にあった可能性もある．

ペインは十分に予想していなかったかもしれないが，そうした問題点を抜きにして図2.4はやはり示唆に富む図である．2.4.2項に述べたように，バウンドラバーはフィラー表面に化学吸着している（物理吸着であればゴムの良溶媒によって抽出される）から，部分的には化学結合しているゴム分子の可能性は否定できない．その可能性を含めて，この寄与分をバウンドラバーによる補強効果と考えることは不合理ではない．以上2つの因子は図に示された一定値 G_∞ を与えるから，静的特性，例えば一軸引張り試験で示される補強の効果の説明には役立つとしても，ペインが主題とする動的特性の歪（変形量）依存性の説明に十分ではない．流体力学的効果とバウンドラバーは，フィラー添加によるゴムの補強一般について適用可能な因子ではありえても，後に「ペイン効果」として知られるようになった動的な効果を適切に説明するには不十分である．本書の第2部の解説は，この点を出発点として，バウンドラバーと structuring of nanofillers の対立するかに見える2つの概念を統合（ヘーゲルによる弁証法哲学の用語でいえば「止揚」）する試みである．

2.4.5　ナノフィラーのストラクチャー形成：フィラーのネットワーク構造

図2.4は定性的な表示であることを認めたうえで，ペイン効果から考えた補強効果への最も大きな貢献は第3の因子，ストラクチャーだとペインが考えたことは確かであろう．残念なことに，彼が精力的にゴムの研究を行っていた1950年代から60年代の段階では，ストラクチャーの具体的な像を描くことは困難であった．彼自身は，文献12の第3章の Fig. 3.16 (p. 66) に多種の CB の効果を比較し検討しているので，当初は Structure として CB の種類（粒径と表面化学構造が異なる）を考えていたとも解釈できる．しかし，第2因子のバウンドラバーが粒子–ゴム相互作用に関するものであったのに対して，その後の p. 101 からの "Carbon Black—Carbon Black Structure" のタイトル以後のペイ

ンの記述は，粒子-粒子相互作用，つまりは CB の会合による高次構造についてのものであった．ペインを含めて後にペイン効果を取りあげた多くのゴム研究者・技術者が，ナノフィラー自身の凝集性により何らかの高次構造形成を考えていたことに疑問の余地はない．ペインは初期の研究例として，Van den Tempel[90] を挙げているが，現時点では定量的な扱いの出発点の可能性をもつモデルを提案しているものとはいえない．

　実験的な事実として，ペインはゴム中のみならず液状パラフィンに分散させた CB が同様な挙動を示すことを明らかにしている（文献 12, p. 104 の Fig. 3.24 および p. 105 の Fig. 3.25）．そして，彼が言及しているように，ペイン効果はここで説明したストラクチャーの概念と関係している．ナノ粒子間のファンデルファールス力に基づく相互作用の最終構造が，フィラーネットワークであることもペインの推定内であった可能性が高い．したがって，ペイン効果を主題としたほとんどの論文では，考察の前提も議論内容もフィラーネットワークに基づくものが多数であった[91]．しかしながら，肝心なネットワーク構造の実験的な検証がないままに 21 世紀を迎えてしまったというのが実情である．ただし，この点は導電性フィラー（例えば，ケチェンブラック）充てんによる導電性ポリマーのパーコレーション（4.1 節，4.2 節を参照）に着目したネットワーク構造形成の研究とも関連している．導電性ポリマーにおけるこの種の研究を除くと，本書第 2, 3 部のフィラーネットワークに関する記述が比較的最近の研究に限られるのも，ストラクチャー概念の実験的検証の困難さによることが，以上の説明から理解されるであろう．

　このような状況の中で，我々は 21 世紀を迎えた時点で，3D-TEM によるゴム中に分散したナノフィラーのモルフォロジー解明のための実験的研究を開始した．その際に作業仮説として用いたナノフィラーのスケッチを図 2.5 に示す[4, 5, 92, 93]．ここで図 2.5 (a) はアインシュタインが剛体球を分散させた液体の粘度の計算を行った際の粒子のモデル（2.4.4 項を参照）であり，実際の CB やシリカの基本粒子は完全な球状とは限らないし表面はフラクタルとして扱うべきで，理論計算のために理想化された表現である．しかし，ここでゴム中の基本粒子がバウンドラバーを伴っているのは，前述したナノフィラーの凝集状態の一般性から撤回すべき表現である．我々が手にするのは基本粒子ではなく一

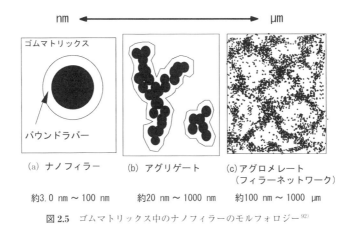

図2.5 ゴムマトリックス中のナノフィラーのモルフォロジー[92]

次アグリゲートであるから，この図はバウンドラバーを説明する以上の意味をもたない「想像図」というべきものである．モデルとしてはゴムマトリックス中ではなく，バウンドラバーで覆われていない基本粒子のみを示すべきであった．

図2.5(b)はCBがその製造プロセス中に会合して一次アグリゲートを形成することから(図2.2)，図2.3のようなCBとゴムとの混練によって，バウンドラバーで覆われた一次アグリゲートがゴムマトリックス中に分散しているとした．これが実際的に観測可能な正しいバウンドラバーとナノフィラーの表現である．図2.5(c)はいささか思弁的なスケッチであるが，ゴム中におけるフィラーのストラクチャー形成の究極的なアグロメレートとして，フィラーネットワーク様のモルフォロジーを考えたのである．この仮説がどのように発展していったかが，第2部の主題の一つであり，5.3節に詳しく展開されている．

2.5 ゴム補強の考え方に関する補足

2.5.1 ペイン効果とマリンス効果

ゴム補強の本論（第2，3部）へ進む前に，補足的なコメントをいくつか述べておきたい．まず，ゴムにおける応力軟化現象としてペイン効果のみならずマリンス効果[94~97]もよく知られている．マリンス（L. Mullins）のこれらの論文

では多くの場合に CB 充てん系が試料とされたために，ペイン効果と同じくナノフィラー添加系に認められるものとの誤解が一時期定着していた．しかし，マリンス効果はゴムの粘弾性効果そのものに起因するヒステリシスであり[98]，無充てんゴム系を含めて広範囲の試料で報告されている[99]．例えば NR[100〜102] では，2.1 節に述べた SIC すなわちテンプレート結晶化と結晶融解のサイクルによると解釈された応力軟化や，熱可塑性エラストマー（TPE）でも実測される[103]など数多くの研究報告例がある．したがって，ペイン効果と比較してより一般的かつより複雑な（というべき）ヒステリシス現象でもあり，マリンス効果に関してペイン効果と全く同様の考察は不十分である．マリンス効果は補強効果としてではなく，さらに広い粘弾性体の観点から今後さらに検討すべき課題の一つであり，例えば浦山らによる変形モードとして二軸伸長を用いた研究[104]などの新しいアプローチが求められている．

2.5.2　佐藤・古川の補強理論

ゴム補強の理論的観点から 2.4 節で解説した従来の考え方とは独立に，佐藤と古川により提唱された考え方があるので簡単に紹介しておく[105,106]（文献 106 は文献 12 の第 1，4，5 章で引用されているが，ペインは引用していない）．ここで佐藤は研究の動機を次のように述べている[105]．

> 「ゴム工業における充てん剤配合技術が，徒らに過去の経験と資料の蓄積にのみ頼る傾向が大きいといわれている現状では，広い統一的な展望と新しい視野を持ち得るための重要な障害の一つとして，充てん剤粒子を含む不均質系へのゴム状弾性論の拡張の困難さがあるように思われる．」

この目的に沿って，彼はフィラー充てんによる異方性ゴムの変形による自由エネルギー変化を新しく導出した．さらに，非ガウス鎖をも考慮したモデルをいくつか検討したうえで，Boggs による非圧縮性液体の数学的取扱い[107]を参照して，充てん剤へのゴム分子の凝着に着目して完全凝着（理想的な濡れの場合）と完全不凝着（濡れが全くない場合）についての式を導出した．ここで凝着はゴムとフィラー間の相互作用としてバウンドラバーに対応していると考えることができ，完全凝着では凝着パラメーターは 1.0 でバウンドラバーが非常に発達している状態，完全不凝着では 0 だからバウンドラバーが全くない状態

2.5 ゴム補強の考え方に関する補足

に対応していると解釈できる．実際の系では0と1の間の値をとることになる．しかし，佐藤がここで強調しているのは完全凝着でない場合にゴムの伸長による界面での空隙 (cavity, void) 生成を想定することで，この空隙効果 (cavitation) は当然のことながら補強のマイナス要因となる．純ゴム系ではこの効果は基本的にないと考えてよいが，フィラー系では評価の必要がある効果であろう．

すなわちこの理論では，フィラーの「体積効果」，フィラーとゴム間の濡れによる「凝着効果」，そして濡れがないあるいは不十分な場合の「空隙効果」の3つが考えられた．しかしながら次に述べるいくつかの理由によって，佐藤・古川理論は補強効果としては不十分，あるいは，さらなる展開の方向によっては増量と補強効果を含めた充てん剤一般の理論である．空隙の生成 (cavitation) は一般的に材料破壊の要因であるから，当然のことながら空隙効果は補強のマイナス効果となり，3者の総和が結果として現れることになり，全体としてマイナスもありうる．残念なことに (1) 提案された式が複雑で対応する実験的検討が困難であること，(2) 主張されているフィラー充てんによるゴム物性の異方性が，必ずしも一般的ではないこと，(3) 空隙の実験的確認はごく最近まで炭酸カルシウムなど非補強性フィラーに限られており，CB充てんジエン系ゴムではその寄与は小さいと考えられてきたこと，などの理由によってこの理論の成否を決める実験データは極めて乏しい状態が続いてきた．

最後の空隙効果については，最近になって，Gent[108]による警告的な主張を含めて総説[109,110]も現れた．また，第8章で述べるき裂成長の防止機構として充てん系のNRの自己補強性と関連して，cavitationがSICつまりはテンプレート結晶化と競合していると主張する論文もある[111]．実験的にもナノシリカ充てんcis-1,4-ポリブタジエンでミクロな空隙の生成が報告されている[112]．疲労破壊など条件によってこの可能性にもっと注意深さが必要だろう．この点に着目したのは佐藤・古川理論の功績である．

しかし補強の観点に即していえば，この佐藤・古川の理論はストラクチャー形成に十分な配慮をしておらず，結果的には無視する考え方で，増量剤としてのフィラーおよびストラクチャー形成のない非補強性フィラー充てん系を含めた一般的な取扱いになっているのではないかと思われる．

2.5.3　混練とナノフィラー凝集体

　CBのゴム中でのストラクチャー形成に関係して，配合ゴムの機械的な練り（混練）の効果についてもコメントしておくべきであろう．2.4.3項に述べたように，市販CBは工場での製造後，基本的にはその一次アグリゲートとして市販されている．製造プロセス中でも一次アグリゲートがさらに会合して生成した高次アグリゲートが含まれてくるとされ，貯蔵中に高次アグリゲートが増加あるいはその究極としてのアグロメレートまでが含まれてくることを図2.3に示した．「ゴムとの混練中に，機械的なせん断応力によってこれら凝集体は脱凝集（分解）するのだろうか？」については古くから議論があった．経験的に脱凝集は確実に認められるが，それは高次アグリゲートについてのもので，CBの一次アグリゲートが個々のCB基本粒子にまで分解することはない，というのが一般的な認識となっている[113〜115]．例えば，文献113のタイトルは

> "Milling Black Reinforced Elastomers : Contrary to previous belief, the fused carbon chains forming the persistent structure of high structure carbon blacks do not break down on milling the filler elastomers."

となっている．ここで the fused carbon chains forming the persistent structure はISAFやHAFなどハイストラクチャーCBの一次アグリゲートのことであり，それらはゴムとの混練中に分解されることはなく，より高次のアグリゲートがこの一次アグリゲートにまで分解するだけである，というのがこの論文の結論である．すなわちゴムとの混練に際して，配合されたCBは一次アグリゲートとして取り扱ってよいのである．ただしこれはゴムとの混練時についての理解であり，混練終了後の時間の経過や，混練後の成型や架橋のステップにおけるより高次のアグリゲートやその究極点であるアグロメレートへのストラクチャー形成の可能性を否定するものでは全くないので，この点は注意する必要がある．Gessler[116] はCBアグリゲートの分解によりラジカルが発生してさらなる反応が起こるとしたが，CB充てん量150 phrの特殊条件下のものとされている[117]．

2.5.4　流体力学的効果の現時点での評価

　先に歴史的観点から述べた流体力学的効果についてのコメントである．まず，

グーチ・ゴールド式の2次項の係数については，その後もいくつか異なった値が報告されていて，14.1は過大評価とされている．例えば，Batcherらの文献[118]では粘度式として

$$\eta = \eta_0(1+2.5\phi+7.6\phi^2) \quad (2.7)$$

弾性率として（原報ではせん断弾性と記されているのでGで示す）

$$G = G_0(1+2.5\phi+5.2\phi^2) \quad (2.8)$$

が記載されている．同じ著者は剛体球がブラウン運動するとして，係数5.2に代わって6.2を報告している[119]．また，ChenとA. Acrivosは5.01を得ており[120]，いずれもグーチの14.1より小さな値を与えている．しかし，これらの式をフィラー充てんゴムの実験結果へ適用し評価した例は，いまだ報告されていないようである．

先に2.4.4項に述べたアインシュタインの粘度式(2.1)から発想して導出されたスモールウッド式(2.3)は，前者はニュートン粘性体，後者のゴムでは線形弾性体の条件つきであり，この孤立した粒子の分散の場合（しかも両系は非圧縮性を仮定）は，数学的に同等の取扱いが可能であり正当でもあることが議論されている[121]．しかし，分散粒子間の相互作用を考慮する高次項については，いまだ理論的にも計算上も決着していないので[121]，粘度についてのグーチ・ゴールド式(2.2)および弾性率についてのグーチ式(2.3)と式(2.4)によるフィラー充てん効果の評価は，現時点では問題があり，使用すべきではない．スモールウッド式による流体力学的効果の評価は正当であるが，その仮定からして，ゴムに対して濡れ性の高いフィラー（つまりは補強性フィラー）の配合量が数％以下のゴム試料のみに留めるべきである．結論的には流体力学的効果は，現時点で補強を説明する因子としては大きな役割を演じうるものではなく，高次項を含めた理論的に信頼できる式が確立した後に，再度，検討しなければならない．したがって，グーチ式(2.3)をベースとしたフィラー充てん効果の評価は再考を要する．

例えば，深堀らはグーチ式(2.4)を次のように修正した式を提案している[122]．

$$G = G_0(1+2.5\phi_{\text{eff}}+14.1\phi_{\text{eff}}^2+0.20(\sqrt{S})^3\phi_{\text{eff}}^3) \quad (2.9)$$

ここで，SはBET（Brunauer-Emmett-Teller）表面積で，$(\sqrt{S})^3$はバウンドラバーに関連するとされている．しかし，バウンドラバーは粒子-ゴム間の相互

作用であって，式の上では 2.5ϕ 項に（完全濡れの仮定として）すでに含まれる．係数 14.1 は現時点では受け入れ難いことはすでに述べた．一応，粒子-粒子間の相互作用がグーチの $14.1\phi^2$ で表現されると仮定すると，ϕ^3 は三粒子間の相互作用，いわゆる「三体問題」に帰着すると解釈できる．三体問題の扱いの数学的正当性はここでの議論の範囲を超えているので無視して，従来ゴム関係者が想定してきた 3 次元的に閉じ込められた吸蔵ゴム（occluded rubber）を考えてみよう（2.4.3 項を参照）．すなわち，DBP 吸着等により定量される凝集体のフラクタルサイトに取り囲まれて運動性の低下したゴム分の概念を適用して，$0.20(\sqrt{S})^3\phi^3$ 項を吸蔵ゴムの弾性率への寄与と解釈することが可能かもしれない．しかし，この概念はクラウス[123] や Medalia ら[124〜126] によって提案されたフィラーの有効体積による方が，取扱いは単純かつ合理的である可能性が高い．すなわち，

$$\phi_c = \frac{\phi}{2}\left(1 + \frac{1 + 0.02139 \times DBP}{1.46}\right) \quad (2.10)$$

で表される．ϕ_c が式 (2.9) 第 3 項の ϕ_{eff} に相当すると考えると，同じ意味をもたせることが可能である．吸蔵ゴムにこだわるのであれば，式 (2.9) と式 (2.10) はどちらかの選択になるのかもしれない．

関連して，2.5.2 項に引用した佐藤の指摘するゴム科学の理論的な問題点は，文献 4，5 で設定した課題「ゴム弾性理論の分子理論としての確立は？」（文献 4 の pp. 51-52 を参照）と軌を一にするものであり，21 世紀となった今なお解決したわけではない．補強性フィラー充てんゴムについての，新たな，意欲的な，実験による検証が可能な弾性理論・補強理論が今も待たれていることを，ここで強調しておきたい．本書の第 2 部に展開された考え方が新理論構築の何らかの参考になり，若手研究者の努力によってその第一歩を踏み出すことができれば幸いである．

2.5.5 フィラー補強のプロモーター

文献 12 の書誌事項として各章のタイトルを示した．その第 9 章の題目はユニークにも "Promoters of Filler Reinforcement" である．ゴムにとっての補強の重要性を，ゴムの伝統的なアプローチに基づく手法の活用によって示している

章といえる．プロモーターは一般的には「増進するもの」であり，化学反応ではふつう「助触媒」を意味している．補強の実用的な重要性は過去において特に，加硫促進剤の開発とともにゴム技術者にとって最大の課題であった．したがって，試行錯誤法により無数の試薬の補強効果の促進が検討され，一時的にはかなりの数のプロモーターが実用化された．その多くの試薬はゴムあるいは CB との化学反応を念頭に置いたもののようで，この第 9 章でも反応機構の解説がなされている．しかし，ファーネス法 CB の登場によって表面の化学反応性が低下したためであろうか，プロモーターの活躍場面は減少して，現在も利用されているのはブチルゴムなど一部のゴムに限定されているようだ．

ジエン系ゴムにおいては，プロモーターに代わってシラン系，チタネート系その他のカップリング剤の利用がその後継者となった，といえるのかもしれない．しかし，技術は広く社会的な機能であるから，その内在的な要因よりも社会的要請が強く現れることも避け難い．例えば，ヘベアからの NR に代替可能なワユーレ（guayule，日本語訳としてグアュールが用いられているがこれは日本以外では通用しない「発音」となる．本書では英語圏でも通用するスペイン語の発音に従ってワユーレを用いる）NR の開発を精力的に行っている K. Cornish らは，廃棄物からのプロモーター（論文中では filler と表現されている）を添加した NR と CB の複合体を検討している[127,128]．

いずれにしても，ナノフィラーの補強をさらに増進させる「新」手法の開発は，補強機構の解明が進むにつれて真に「科学的な」検討が可能となるだろう．莫大な試行的実験の実施に代わって，仮説のレベルであっても加硫機構と補強機構の考察に基づいて目的とする系に対する各種配合剤の分子設計を行い，配合および製品設計に基づいて開発を行うことは，新しいゴム技術開発のための王道である．21 世紀において，全く新しいゴムやプロモーター・カップリング剤の創製などによる補強作用の新たな展開は，新しい理論と合わせてゴム研究者とゴム技術者にとっての挑戦的課題の一つとなるのかもしれない．

第1部文献

1) 鞠谷信三（2013）. 天然ゴムの歴史, 京都大学学術出版会, 京都.
2) S. Kohjiya（2015）. *Natural Rubber : From the Odyssey of the Hevea Tree to the Transportation Age*, Smithers Rapra, Shrewsbury.
3) S. Kohjiya et al. eds.（2014）. *Chemistry, Manufacture and Applications of Natural Rubber*, Woodhead/Elsevier, Cambridge.
4) 池田裕子ら（2016）. ゴム科学—その現代的アプローチ—, 朝倉書店, 東京.
5) Y. Ikeda et al.（2017）. *Rubber Science : A Modern Approach*, Springer, Singapore.
6) B. N. Zimmerman ed.（1989）. *Vignettes from the International Rubber Science Hall of Fame （1958-1988）: 36 Major Contributors to Rubber Science*, Rubber Division, American Chemical Society, Akron.
7) T. Minami et al. eds.（2005）. *Solid State Ionics for Batteries*, Springer, Tokyo.
8) A. Kelly ed.（1994）. *Concise Encyclopedia of Composite Materials*, revised ed., Pergamon, London.
9) S.-J. Park et al.（2011）. *Carbon fiber-reinforced polymer composites : Preparation, properties, and applications, in Polymer Composites*, vol. 1, S. Thomas et al. eds., Wiley-VCH, Weinheim, Ch. 5.
10) A. Das et al.（2014）. *Graphene-Rubber Nanocomposites*, in *Encyclopedia of Polymeric Nanomaterials*, Springer, Berlin.
11) V. Mittal（2014）. *Macromol. Mater. Eng.*, **299**, No. 8, 906-931.
12) G. Kraus ed.（1965）. *Reinforcement of Elastomers*, Interscience Publishers, New York. ［参考のために章のタイトルと著者名を以下に記しておく.］
　　Ch. 1 Network Theories of Reinforcement, F. Bueche
　　Ch. 2 Mechanism of Tearing and Abrasion of Reinforced Elastomers, S. D. Gehman
　　Ch. 3 Dynamic Properties of Filler-Loaded Rubbers, A. R. Payne
　　Ch. 4 Interactions between Elastomers and Reinforcing Fillers, G. Kraus
　　Ch. 5 The Nature of Polymer-Filler Attachments, J. Rehner, Jr.
　　Ch. 6 Microscopy in the Study of Elastomer Reinforcement by Pigment Fillers, W. M. Hess
　　Ch. 7 Rheological Behavior of Filler-Reinforced Compounds, C. C. McCabe
　　Ch. 8 Chemical Interaction of Fillers and Rubbers during Cold Milling, W. F. Watson
　　Ch. 9 Promoters of Filler Reinforcement, J. O. Harris et al.
　　Ch. 10 Commercial Manufacture of Carbon Black, O. K. Austin
　　Ch. 11 Latex Masterbatching, J. H. Carroll et al.
　　Ch. 12 Compounding with Carbon Black, M. L. Studebaker
　　Ch. 13 Reinforcing Fine Particle Silicas and Silicates, J. W. Sellers et al.
　　Ch. 14 Properties of White Reinforcing Fillers in Elastomers, H. Westlinning et al.
　　Ch. 15 Reinforcement of Rubber by Organic Fillers, O. W. Burke, Jr.
　　Ch. 16 Reinforcement of Polyethylene by Carbon Black, B. B. Boonstra
　　Ch. 17 Antioxidant Properties of Carbon Black, W. L. Hawkins et al.
13) G. S. Whitby et al. eds.（1954）. *Synthetic Rubber*, John Wiley & Sons, New York.
14) U. Schubert ed.（2012）. *Silicon Chemistry*, Springer, Heidelberg. ［Original edition was

published in 1999.］
15) 吉良満夫ら（2013）．現代ケイ素化学：体系的な基礎概念と応用に向けて，化学同人，京都．
16) E. P. Plueddemann（1982）．*Silane Coupling Agents*, 2nd ed., Plenum Press, New York.
17) M. P. Wagner（1971）．*Rubber World*, **164**, 46.
18) S. Wolff（1977）．*KGK, Kautsch. Gummi Kunstst.*, **30**, 516.
19) A. S. Hashim et al.（1998）．*Rubber Chem. Technol.*, **71**, 289.
20) S. Kohjiya et al.（2000）．*Rubber Chem. Technol.*, **73**, 534.
21) W. Meon et al.（2004）．*Rubber Compounding：Chemistry and Applications*, B. Rodgers ed., Marcel Dekker, New York, Ch. 7.
22) 鞠谷信三（2005）．ナノテクノロジーとソフトマター，ゴム技術フォーラム編，ポスティコーポレーション，東京，第1章の1．
23) K. E. Drexler（1981）．*Proc. Natl. Acad. Sci. U. S. A.*, **78**, 5275.
24) D. Mulhall（2002）．*Our molecular future：How nanotechnology, robotics, genetics, and artificial intelligence will transform our world*, Prometheus Books, New York.
25) K. E. Drexler（2004）．Nanotechnology：From Fineman to Funding, *Bull. Sci. Tech. Soc.*, **24**（1）, 21.
26) R. E. Smalley（2001）．*Sci. Am.*, September, 68.
27) K. Kulinowski（2004）．*Bull. Sci. Tech. Soc.*, **24**（1）, 13.
28) World's tiniest machines with chemistry（2016）．*Nature*, **538**, No. 7624, 152.
29) 例えば，V. Garcia-Lopez et al.（2017）．*Nature*, **548**, No. 7669, 567.
30) H. Long ed.（1985）．*Basic Compounding and Processing of Rubber*, Rubber Division, American Chemical Society, Akron.
31) 日本ゴム協会編（1994）．ゴム工業便覧，第四版，日本ゴム協会，東京．
32) 奥山通夫ら編（2000）．ゴムの事典，朝倉書店，東京．
33) ［最近の傾向を示す例として，］Y. Dong et al.（2015）．*Fillers and Reinforcements for Advanced Nanocomposites*, Woodhead/Elsevier, Cambridge.
34) V. A. Garten et al.（1957）．*Rubber Chem. Technol.*, **29**, 295.
35) J. R. Katz（1925）．*Naturwissenschaften*, **13**, 410 & 900.
36) S. Kohjiya et al.（2017）．*Crystallization of Natural Rubber*, Paper presented at the 191th Technical Meeting of Rubber Division, American Chemical Society, Beachwood, OH, April 25, 2017.
37) S. Kohjiya et al.（2017）．*KGK, Kautsch. Gummi Kunstst.*, October, 38.
38) C. O. Weber（1902）．*The Chemistry of India Rubber, Including the Outline of a Theory on Vulcanisation*, Charles Griffin & Co., London.
39) C. C. Davis et al. eds.（1937）．*The Chemistry and Technology of Rubber*, Reinhold Publishing, New York.
40) M. Morton ed.（1995）．*Rubber Technology*, 3rd ed., Chapman & Hall, London.
41) B. Rodgers ed.（2004）．*Rubber Compounding：Chemistry and Applications*, Marcel Dekker, New York.
42) 鞠谷信三（1995）．ゴム材料科学序論，日本バルカー工業，東京．
43) 一方井誠治（2008）．低炭素化時代の日本の選択―環境経済政策と企業経営―，岩波書店，東京．

44) J.-B. Donnet et al. eds.（1993）. *Carbon Black*, Marcel Dekker, New York.
45) W. A. Wampler et al.（2004）. *Rubber Compounding : Chemistry and Applications*, B. Rodgers ed., Marcel Dekker, New York, Ch. 6.
46) J. E. Mark et al. eds.（2013）. *The Science and Technology of Rubber*, 4th ed., Academic Press, Waltham, MA, Chs. 8 & 9.
47) 大北熊一（1964）. 日本ゴム協会誌, **37**, 35.
48) W. B. Wiegand（1925）. *Trans. Inst. Rubber Ind.*, **1**, 141.
49) 久保亮五（1947）. ゴム弾性, 河出書房, 東京.［1996年に裳華房から復刻版が出版されている.］
50) M. P. Wagner（1976）. *Rubber Chem. Technol.*, **49**, 703.
51) S. Kohjiya et al.（2001）. *Rubber Chem. Technol.*, **74**, 16.
52) A. Kato et al.（2016）. *Manufacturing and Structure of Rubber Nanocomposites,* in *Progress in Rubber Nanocomposites*, S. Thomas et al. eds., Woodhead/Elsevier, Cambridge, Ch. 12.
53) T. Ohashi et al.（2016）. *Polym. Int.*, **66**(2), 250.
54) S. Yamashita et al.（1989）. *Wood Processing and Utilization*, J. F. Kennedy et al. eds., Ellis Horwood, Chichester, Ch. 23.
55) Y. Ikeda et al.（2017）. *RSC Adv.*, **7**, 5222.
56) J. H. Fielding（1937）. *Ind. Eng. Chem.*, **29**, 880.
57) D. F. Twiss（1925）. *J. Soc. Chem. Ind.*, **44**, 106T.
58) 古川淳二（1957）. 日本ゴム協会誌, **30**, 909.
59) L. L. Ban et al.（1974）. *Rubber Chem. Technol.*, **47**, 858.
60) 藤本邦彦（1964）. 日本ゴム協会誌, **37**, 602.
61) S. Fujiwara et al.（1971）. *Rubber Chem. Technol.*, **44**, 1273.
62) M. Klueppel（2003）. *Adv. Polym. Sci.*, **164**, 1.
63) B. Bueche（1961）. *J. Appl. Polym. Sci.*, **5**, 271.
64) J. Stachel ed.（1998）. *Einstein's Miraculous Year : Five Papers that Changed the Face of Physics*, Princeton University Press, Princeton.［この書は「奇跡の年」1905年の100年後2005年に, 編者による「奇跡の年100周年に寄せて」と題する新たな論考が追加されてCentenary edition として再発行された. この新版の和訳本が発行されている：ジョン・スタチェル編, 青木 薫訳（2011）.「アインシュタイン論文選：奇跡の年の5論文」, ちくま学芸文庫, 筑摩書房, 東京.］
65) J. S. リグデン著, 並木雅俊訳（2005）. アインシュタイン奇跡の年1905年, シュプリンガー・フェラーク東京, 東京.
66) A. Einstein（1905）. *Ann. Phys.*, **17**, 549.［論文のタイトルは「熱の分子論から要求される静止液体中の懸濁粒子の運動について」となっている.］
67) A. Einstein（1906）. *Ann. Phys.*, **19**, 758.
68) A. Einstein（1911）. *Ann. Phys.*, **34**, 289.
69) A. Einstein（1911）. *Ann. Phys.*, **34**, 591.［論文68の訂正.］
70) A. Einstein（1956）. *Investigations on the Theory of the Brownian Movement*, edited with notes by R. Fuerth, translated by A. D. Cowper, Dover, New York.［本書は1926年に出版された原書（ドイツ語）の英訳本である. 化学者にとっては非常に手ごわいアインシュタインの数学に, ドイツ語ではなく英語で挑戦できる. 粘度式(2.1)は, p. 54に記載があり, 本文中の英文はここから引用したものである.］

71) J. Perrin (1908). *C. R. Acad. Sci.* (Paris), **147**, 475 & 530.
72) J. Perrin (1909). *Ann. Chim. Phys.*, **18**, 1.
73) M. J. Nye ed. (1984). *The Question of the Atom: From the Karlsruhe Congress to the First Solvay Conference, 1860-1911*, Vol. 4 of the History of Modern Physics, 1800-1950, Tomash Publishers, Los Angeles.［アインシュタインとペランの原子論への貢献が，それぞれ18章と20章に収録されている．もっとも，アインシュタインの論文としてこの書では光の粒子性に関する論文 *Ann. Phys*, **17**, 132（1905）が選ばれている．］
74) H. Morawetz (1985). *Polymers : The Origins and Growth of a Science*, John Wiley & Sons, New York.
75) J. Renn (2005). *Ann. Phys.* (Leipzig), **14**, Supplement, 23.［この号には同誌に掲載されたアインシュタインの原著論文が再録されている．論文は勿論ドイツ語であるが，解説は英文で書かれている．Renn の解説の書き出しは "Einstein's 1905 paper on Brownian motion was an essential contribution to the foundation of modern atomism." である．］
76) E. Hatschek (1910). *Kolloid Z.*, **7**, 302.
77) E. Guth et al. (1938). *Phys. Rev.*, **53**, 322.
78) E. Guth et al. (1934). *Monatsch. Chem.*, **65**, 93.
79) Y. Ikeda et al. (2017). *Rubber Science : A Modern Approach*, Springer, Singapore, Sec. 2.3 (pp. 34-48).
80) J. E. Mark et al. eds. (1992). *Elastomeric Polymer Networks*, Prentice Hall, Englewood Cliffs.
81) H. M. James et al. (1943). *J. Chem. Phys*, **11**, 455.
82) A. T. James (1961). *Ann. Math.*, **74**, 456.
83) R. Simha (1940). *J. Phys. Chem.*, **44**, 25.
84) H. Smallwood (1944). *J. Appl. Phys.*, **15**, 758.
85) E. Guth (1945). *J. Appl. Phys.*, **16**, 20.
86) F. E. Dart et al. (1938). *Phys. Rev.*, **53**, 327.
87) H. Schweinler et al. (1991). *Physics Today*, **44**, June, 133 & October, 154.［June issue に次の記述がある：Guth also generalized the viscosity theory of suspension, first developed by Einstein in his PhD thesis, and proved the theory's isomorphism to that of a "solid suspension," like carbon black in rubber. ここで "isomorphism" が，本文中に述べた「発想の転換による新分野への適用」を的確に表現する用語かどうかは検討の必要があるかもしれない．］
88) L. H. Cohan (1947). *India Rubber World*, **117**, No. 3, 343.
89) L. H. Cohan (1948). *Rubber Chem. Technol.*, **21**, 667.［論文88のリプリントである．］
90) M. Van den Tempel (1961). *J. Colloid Sci.*, **16**, 28
91) すぐれた総説として M.-J. Wang (1999). *Rubber Chem. Technol.*, **72**, 430. を挙げておく．
92) S. Kohjiya et al. (2006). *Polymer*, **47**, 3298.
93) S. Kohjiya et al. (2006). *Prog. Polym. Sci.*, **33**, 979.
94) L. Mullins (1950). *J. Phys. Chem.*, **54**, 239.
95) L. Mullins (1948). *Rubber Chem.Technol.*, **21**, 281.
96) L. Mullins et al. (1965). *J. Appl. Polym. Sci.*, **9**, 2993.
97) L. Mullins (1969). *Rubber Chem.Technol.*, **42**, 339.
98) C. M. Roland (2013). *The Science and Technology of Rubber*, 4th ed., B. Erman et al. eds.,

Academic Press, Watham, MA, Ch. 6.
99) K. M. Schmoller et al. (2013). *Nat. Mater.*, **12**, April, 278.
100) J. A. Haarwood et al. (1965). *J. Appl. Polym. Sci.*, **9**, 3011.
101) J. A. Haarwood et al. (1966). *J. Appl. Polym. Sci.*, **10**, 315.
102) J. A. Haarwood et al. (1966). *J. Appl. Polym. Sci.*, **10**, 1203.
103) B. P. Grady et al. (2013). *The Science and Technology of Rubber*, 4th ed., B. Erman et al. eds., Academic Press, Watham, MA, Ch. 13.
104) T.-T. Mai et al. (2017). *Soft Matter*, **13**, 1966.
105) 佐藤良泰（1957）．日本ゴム協会誌，**30**，922．
106) Y. Sato et al. (1962). *Rubber Chem. Technol.*, **35**, 857.
107) F. W. Boggs (1952). *J. Chem. Phys.*, **20**, 632.
108) A. N. Gent (1990). *Rubber Chem. Technol.*, **63**, 49.
109) C. Fond (2001). *J. Polym. Sci., Part B : Polym. Phys.*, **39**, 2081.
110) J. B. Le Cam (2010). *Rubber Chem. Technol.*, **83**, 247.
111) J. B. Le Cam et al. (2008). *Macromolecules*, **41**, 7579.
112) A. S. Pavlov et al. (2016). *Chem. Phys. Lett.*, **653**, 90.
113) A. Voet et al. (1969). *Rubber Age*, **101**(10), 78.
114) F. A. Heckman et al. (1969). *J. Inst, Rubber Ind.*, **3**, 66.
115) A. K. Sircar et al. (1970). *Rubber Chem. Technol.*, **43**, 973.
116) A. M. Gessler (1970). *Rubber Chem. Technol.*, **43**, 943.
117) A. Voet (1971). *Rubber Age*, **103**(6), 50.
118) G. K. Batchler et al. (1972). *J. Fluid Mechanics*, **56**, 401.
119) G. K. Batchler (1977). *J. Fluid Mechanics*, **83**, 97.
120) H.-S. Chen et al. (1978). *J. Solids Struct.*, **14**, 349.
121) J. Domurath et al. (2017). *KGK Kautsch. Gummi Kunstst.*, Jan-Feb, 40.
122) Y. Fukahori et al. (2013). *Rubber Chem. Technol.*, **86**, 218.
123) G. Kraus (1970). *J. Polym. Sci., Part B : Polym. Phys.*, **8**, 601.
124) A. I. Medalia (1970). *J. Colloid Interface Sci.* **32**, 115.
125) A. I. Medalia (1973). *Rubber Chem. Technol.*, **46**, 877.
126) A. I. Medalia (1974). *Rubber Chem. Technol.*, **47**, 411.
127) C. S. Barrera et al. (2016). *Ind. Crop. Prod.*, **86**, 132.
128) C. S. Barrera et al. (2017). *Ind. Crop. Prod.*, **107**, 217.

ナノフィラーの分散解析と
ゴムの補強機構

3　3次元透過電子顕微鏡（3D-TEM）の原理と実際
4　3D-TEM によるナノフィラー分散の可視化
5　カーボンブラックによるゴムの補強機構

3 3次元透過電子顕微鏡(3D-TEM)の原理と実際

　本章では，透過電子顕微鏡（TEM）と3次元透過電子顕微鏡（3D-TEM）の原理に関して，両者の観察原理の相違，さらに，3D-TEM特有のトモグラフィー（3次元再構築法）などについて概説し，次章の3D-TEMによるナノフィラー分散状態の可視化結果の理解に必要な解説を行う．

3.1　透過電子顕微鏡（TEM）による像形成

　光学顕微鏡を使って，細胞や毛髪などの小さく細かい物体を観察する機会がしばしばある．しかし，光学顕微鏡の分解能は光の波長の半分程度に制限されていて，原子や分子はもちろん，ウイルスのような微小な物体を視覚化することはできない．可視光よりも波長が短い電子線を照射し，透過してきた電子を結像して観察を行う装置が透過電子顕微鏡（transmission electron microscope：TEM）である．最初の電子顕微鏡は1931年にドイツでルスカ（E. Ruska, 1906-1988）とクノール（M. Knoll）が製作した．ルスカはその性能向上と実用化に尽力し，晩年になってからであるが，1986年にノーベル物理学賞を受賞した．受賞者は3人であったが，ルスカが賞金の1/2を受け取り，残り1/2をG. BinningとH. Rohrerが分け合った．後者の2人は走査トンネル顕微鏡の発明者で，原子間力顕微鏡（atomic force microscope：AFM）はその一つの発展形であった．トンネル顕微鏡は厳密にいえば電子顕微鏡ではないが電子顕微鏡発展の延長線上にあり，3人の受賞となった．ちなみに，世界の電顕関係者の間ではルスカらは早くから受賞者となるべきだと噂されていた．彼の存命中にトンネル顕微鏡が現れたことから，ノーベル賞委員会はルスカへの授

与に踏みきったといえる．「生存」を必要条件とするノーベル賞では，決して少なくはない実例の一つであろう．

　電子顕微鏡では高速電子を使用するので，光学レンズ（ガラス製）に代わり電磁レンズが使用されて分解能が大幅に向上し，検体・試料における微細構造の像撮影が可能となった．数百 kV～1300 kV の高加速電圧 TEM では，点分解能（point resolution；実空間に存在する2点を識別できる最小の距離）が 0.3～0.1 nm である[1,2]．その限界を決めている一つの因子は球面収差（spherical aberration）で，電子銃から照射された電子線がレンズを通った後，1つの焦点に収束しないでその前後にばらつくことによる像のボケ，歪み，ズレなどに原因がある．近年，この球面収差を補正できる凹レンズ（多極子レンズ）を搭載した球面収差補正 TEM（spherical aberration corrected TEM）が実用化され，加速電圧約 200 kV で 0.1 nm の点分解能が達成されている[3]．

　TEM 像のコントラスト（画像の明るさの変化）には，振幅コントラストと位相コントラストの2種類がある．特に，かなり高い加速電圧（>100 kV）で非常に薄い試料を観察する場合，通過する電子波の振幅を変化させるのではなく，電子波の位相を変化させるものと考えられる．この場合，位相が変化した電子波が対物レンズ（OL）の像面を焦点面として結像され，この像コントラストは非常に弱く，その解像限界は球面収差の補正理論である Scherzer の取扱いに従って推定できる[4]．以下，高分解能 TEM（high-resolution TEM：HRTEM）と称される装置における画像形成について概説する．

　図 3.1 は画像モード(A)と制限視野電子回折（selected area electron diffraction）モード（B）を示す[1]．通常，入射電子は超薄膜試料面に垂直に照射され，試料により同じ散乱角に回折された電子波は，対物レンズ（OL）の後方焦点面において光学軸から離れたある点に集中する．中間スクリーンとプロジェクタレンズで構成されたレンズシステムを制御することにより，蛍光スクリーンまたはフォトフィルム上に焦点が合わせられると，拡大された電子回折（electron diffraction：ED）パターンが観察される（図 3.1（B））．もし，OL の画像面中の，試料の画像の一部を選択するために，絞り（aperture）が導入された場合，対応する試料領域の制限視野 ED を得ることができる．上述の複合レンズシステムを制御して OL の像面に焦点が結ばれると，試料の拡大像がスクリーンまた

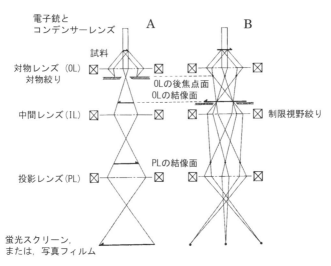

図 3.1 TEM のイメージングモード（A）と制限視野電子回折モード（B）[1]

はフォトフィルム上に観察される（図 3.1(A)）.

試料が結晶性でこの結晶がブラッグの反射を与えるように配置され，同時に非回折波と回折波の両方を十分許容する大きさの絞り開口を通過する場合，結晶格子面による反射に対応する間隔の格子縞（1次元格子像）が観測される．これが非回折波と回折波の干渉により1次元格子像を得るための大まかな手法である．この格子像は白黒の縞模様で，微結晶の形状と大きさ，結晶方位，格子欠陥があれば検出される．また，相当に大きな対物絞りを使用する場合または絞りを使用しない場合，異なる方向に回折される多くの波が像平面内の非回折波と干渉し，ある範囲の焦点設定で2次元格子画像が観察される．最適デフォーカス（焦点ボケ）の量，すなわち使用される TEM の Scherzer 分解能[4]を実現するための焦点で単位格子内の原子または分子の配置を直接示す結晶構造画像が得られる．

電子を透過させるため，観察対象試料は，薄膜（膜厚；数 nm〜100 nm）あるいは微粒子である必要がある．電子線が試料内部を透過する際，透過電子線以外に回折・散乱電子線が生じる．透過電子線のみで結像する方法を明視野（bright field）法，回折・散乱電子線のみで結像する方法を暗視野（dark field）

法という[5,6]．明・暗視野法は透過電子顕微鏡法の最も基本的な手法であって，各種格子欠陥の型の同定以外にも析出物・介在物の分布調査などにも広く用いられている．電子顕微鏡の最も重要な能力は倍率（どれだけ物体を拡大して観察できるか），分解能（再接近する2点をどの距離まで識別できるか），コントラストなどである．なお，電子顕微鏡における像形成や分解能を制限する因子などに関してさらに詳しくは文献1〜3，5，6を参照願いたい．

3.2 3D-TEMによる立体像の形成

3.2.1 TEMとトモグラフィー

前述したように，TEMでは入射電子は薄膜試料にほぼ垂直に照射され，試料を透過，散乱した電子が対物レンズにより結像される（ただし，X軸およびY軸に関して試料を傾斜させることができる試料二軸傾斜ホルダーを使用する特殊な場合を除いている）．これに対して，3次元透過電子顕微鏡（3D-TEM）ではトモグラフィー（tomography，断層撮影法）を用いるために次のようなTEM観測を行う．すなわち，超薄膜試料の傾斜角度を逐次的に変化させながら，角度毎の像（スライス像：密度分布像）を取り込み，これらのスライス像をもとに再構築により3次元画像を得る．TEM観察法としては明視野法，暗視野法が可能で観察目的により選択する．本書で述べる著者らの研究では，明視野像を用いた．以下，3D-TEM観察の原理について概説する[7〜11]．

3.2.2 トモグラフィーのTEMへの適用

図3.2は，3D-TEM観察における連続傾斜像の取得と取得画像から3次元像を再構築するプロセスで，TEMと計算機トモグラフィー（computed tomography：CT）を組み合わせた手法であるから，電子線トモグラフィー（electron tomography）の呼び名もしばしば使用されている[7]．具体的には，試料を段階的に傾斜させながら，例えば$-70°$〜$+70°$まで$2°$ステップで，連続傾斜像（スライス像，密度分布像）71枚を撮影し，位置合わせを行う[12,13]．スライス像から3次元像の再構築には正確な位置合わせが特に重要であり，粒子径が10〜20 nmの金コロイド粒子を用いてマーキングを行う方法（fiducial marker

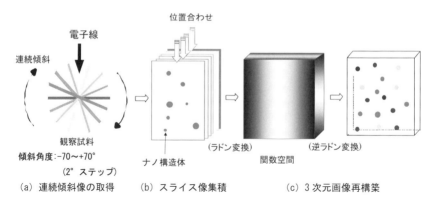

図 3.2 3次元透過電子顕微鏡(3D-TEM)観察における連続傾斜像の取得と取得画像から3次元を再構築するプロセス[12, 13]

method)が用いられる.そしてこの傾斜像からラドン変換(Radon transform)と逆ラドン変換(Radon inversion transform)を用いて,3次元像を再構築する[7, 8].

トモグラフィーの数学的な基礎は,ラドン変換・逆ラドン変換である[7, 8, 14, 15].図3.3に示すように,これらの変換が2次元の物体とその投影との関係を示すことから,ラドン変換の投影により,2次元関数で表記された物体中の任意の

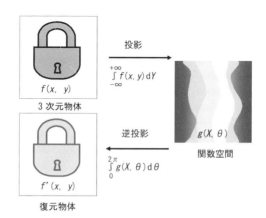

図 3.3 投影(ラドン変換)と逆投影(逆ラドン変換)

3.2 3D-TEM による立体像の形成

点を通るすべての方向の直線上の投影値分布（例えば，透過率分布）がその 2 次元関数の積分から一意的に求められるとともに，逆ラドン変換により，投影値分布から物体像が復元できる（ちなみに，フーリエ変換（Fourier transform）が直交座標 (x, y) 系の関数を，既知の周期性関数から成る合成関数に変換するのに対して，ラドン変換は極座標 (r, θ) 系の関数を合成関数に変換する）．電子線の照射強度と透過強度をそれぞれ I_0 と I とし，2 次元の物体の密度分布関数を $f(x, y)$ とすると，ランベルト・ベールの法則（Lambert–Beer law）により式 (3.1) が成り立つ．すなわち，この式では電子線の経路に沿って 2 次元物体の密度分布関数 $f(x, y)$ を積分した項に負記号をつけて，自然対数のベキ乗演算を行う．

$$I = I_0 \exp\left(-\int_l f(x, y)\, dl\right) \tag{3.1}$$

ここで l は電子線が透過した直線の経路である．

図 3.4 はラドン変換と逆ラドン変換を模式的に示す図である．2 次元物体の固定座標 $(x-O-y)$ に対して，角度 θ で傾斜させた座標 $(X-O-Y)$ を設定する．電子線は図の下から Y 軸に沿って物体に照射され，検出器により，X 軸に沿った計測データ $I(X, \theta)$ として記録される．したがって，式 (3.1) を式 (3.2) に書き換える．その際，Y 軸に沿った積分経路を $-\infty$ から ∞ までとする．

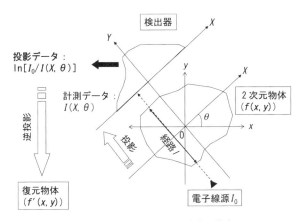

図 3.4 ラドン変換・逆ラドン変換の模式図

$$I(X,\theta) = I_0 \exp\left(-\int_{-\infty}^{\infty} f(x,y)\,dY\right) \tag{3.2}$$

I_0 は既知であるから,

$$I(X,\theta)/I_0 = \exp\left(-\int_{-\infty}^{\infty} f(x,y)\,dY\right) \tag{3.3}$$

$$\ln[I_0/I(X,\theta)] = \int_{-\infty}^{\infty} f(x,y)\,dY \tag{3.4}$$

また,投影データ $g(X,\theta)$ は $\ln[I_0/I(X,\theta)]$ で定義されるから,

$$g(X,\theta) = \int_{-\infty}^{\infty} f(x,y)\,dY \tag{3.5}$$

式(3.5)がラドン変換で,Y軸に沿った線積分を用いて,2次元物体の密度分布 $f(x,y)$ を投影データ $g(X,\theta)$ に変換する操作である.これに対して,逆投影,すなわち,逆ラドン変換では,式(3.6)で示すように,$\theta=0$ から 2π の角度領域で,2次元物体 $f(x,y)$ の方向に向かって直線状に投影データ $g(X,\theta)$ を加算することにより,復元物体 $f'(x,y)$ を再構築する[7,8].

$$f'(x,y) = (1/2\pi)\int_0^{2\pi} g(X,\theta)\,d\theta \tag{3.6}$$

3.2.3 3D-TEM 測定の注意点

当然のことながら,トモグラフィーとの組み合わせによって 3D-TEM 測定に特有の注意点がある.まず,傾斜角度と分解能について説明する.未傾斜薄片試料の厚さ t_0 の薄片試料を傾斜角度 θ で傾斜させると,電子線が透過するための,見かけ上の厚さ(t)は $t_0/\cos\theta$ となる[14].一般的に,試料の厚さが増加するほど,電子線と試料との相互作用も増加し,特異なエネルギーを有する非弾性散乱電子による色収差(電子線の波長により物質の屈折率が異なるため,結像位置と倍率も変化することに由来する像のボヤケ)が増加し,画質を低下させる.そのため,非弾性散乱電子を除去するエネルギーフィルターを使用することで画質を向上させている[15].

また,微小円筒状試料を使用して,360°回転させながら一定角度毎にスライス像を取り込み,これらを3次元構築すれば完全な3次元画像を構築すること

ができるが,そのような試料を調製することは非常に困難で,実際はミクロトームを用いて切削した超薄片試料を用いている.このような薄片試料を試料室内で傾斜させると,ホルダー先端のポールピースとの干渉などにより,スライス像が取得できる傾斜角度が制限される.このスライス像が取得できない角度が「情報欠落領域(missing data-range)」で,この領域を完全に補正,修復することはできない.したがって,可能な限り±180°に近い最大傾斜角度を設定することになる[16].また,試料ホルダーのサイズや形状により,最大傾斜角度に制限がある場合,未取得の傾斜角度の投影像の欠落により,再構築画像の情報,すなわち画質も欠損する.表 3.1 は,一軸・二軸傾斜における,オリジナル画像に対する再構築像の画質の割合と傾斜角度範囲との関係である[14, 17].いずれの傾斜においても,傾斜角度範囲が増加するほど,画質が向上する.特に,今回使用した3D-TEMでは傾斜角度範囲が±70°であるので,画質は約80%と考えられる.

ここで,観察対象の直径,再構築像の傾斜方向の空間分解能,ならびに投影回数をそれぞれ,D, d_y, N とすると,d_y は次の式で表される[18].

$$d_y = \pi D/N \tag{3.7}$$

ここで π は円周率である.式(3.7)を用いて,薄片試料の最大傾斜角度を α_{max} とした場合の,光軸方向の空間分解能 d_z は式(3.8)のように表される[19].$d_z/d_y>1$ は伸び因子と呼ばれ,再構築像が深さ(z)方向へ伸びる割合を示す.

$$d_z = d_y \sqrt{(\alpha_{max} + \cos\alpha_{max}\sin\alpha_{max})/(\alpha_{max} - \cos\alpha_{max}\sin\alpha_{max})} \tag{3.8}$$

次に,3次元再構築像に立体感を付与するため,ボリュームレンダリング(volume rendering),あるいはサーフェスレンダリング(surface rendering)を施す[20].ボリュームレンダリングとは3次元画像を表示する方法の一つであり,ボクセル(立体要素)を集合させて立体像を形成する方法である.この方法で

表 3.1 一軸・二軸傾斜における,オリジナル画像に対する再構築像の画質の割合と傾斜角度範囲との関係[14, 17]

傾斜角度範囲	一軸傾斜の場合	二軸傾斜の場合
±70°	78%	83%
±60°	67%	84%
±45°	50%	67%

は，立体の内部構造を形成することはできるが，その表面を構築することはできない．他方，サーフェスレンダリングはポリゴン（polygon；多角形の面積要素）を用いて物体の表面や界面を表示する方法であり，視点や光源と各ポリゴンとの角度・距離に応じて陰影をつけることにより，物体の立体感を表現する．以上が 3D-TEM 測定特有の概要であり，原理的には X 線断層写真撮影法（X 線 CT 法）とほぼ同じである．

さらに，装置的にほかの手法との組み合わせも可能である．例えば，Jinnai ら[21]は，3D-TEM と電子エネルギー損失分光(electron energy-loss spectroscopy：EELS) を併用することにより，CB とシリカを充てんした天然ゴム（NR）／ブタジエンゴム（BR）ブレンド加硫ゴム中の両フィラーの凝集状態を同一視野内で識別して観察・評価することが可能で，ここで得られた立体画像は有限要素法（finite element method：FEM）解析に利用できることを報告した．タイヤ用加硫ゴムにおいてシリカと CB の併用は特殊な手法ではなくなりつつあり[22]，こうした 3D-TEM と組み合わせた分析手法は，これからも有効に利用される可能性が高い．なお，有機高分子は一般に電子線損傷を受けやすいことはよく知られており[1]，3D-TEM 測定においてもこの問題を常に考えておくべきことはいうまでもない[1,13,23]．次章では 3D-TEM を用いたナノフィラー充てんゴムの 3D-TEM 測定例を紹介する．

4

3D-TEM による
ナノフィラー分散の可視化

　本章では，ゴムマトリックス中でのフィラーの分散状態を 3D-TEM により観察した結果を解説する．代表的なナノフィラーであるシリカあるいはカーボンブラック（CB）充てんゴムが中心的な試料であり，その 3D-TEM 観察結果と画像解析結果，最近接粒子間距離，ナノフィラーネットワークの可視化とそのパラメーター，それらナノフィラーのネットワーク形成などについて説明する．我々の興味から初期に試料として *in situ* シリカ（その場生成シリカ粒子）を用いたので[13, 22, 24]，戸惑われるかもしれないが，あくまでナノシリカ粒子の一種としてお読みいただきたい．シリカと CB 以外のフィラーの 3 次元可視化の実例も，最後に簡単に紹介する．第 3 部の解説と合わせて，ゴム用フィラーのほとんどが，3 次元可視化の対象であることがご理解いただけるであろう．

4.1　シリカ分散の3次元可視化

　ここでは，我々の研究で最初に取り扱った試料である，*in situ* シリカ充てん加硫天然ゴム（NR）の 3D-TEM 観察，特に加硫ゴムの 3D-TEM 観察で最も重要な前処理法，すなわち，ゴム可溶性亜鉛化合物除去法について解説する．その後，ゴム中の疎水性・親水性シリカの分散状態，ならびに，シリカネットワーク構造の可視化について言及する．

4.1.1　硫黄加硫ゴムの測定前処理

　初期の段階に出会った測定上の困難は，TEM 像がトモグラフィー処理に十分なコントラストを示さなかったことであった．検討の結果は TEM の問題では

なく，硫黄加硫したゴムの側の問題であると考え，以下のような実験を行った．

試料として用いたシリカ充てん加硫 NR の配合を表 4.1 に示した[24～28]．左の列には配合成分を示す．配合成分としては上から，NR，加硫促進助剤のステアリン酸（ST）・酸化亜鉛，加硫剤の硫黄，加硫促進剤のシクロヘキシルベンゾチアジルスルフェンアミド（CZ-G），ならびに，市販シリカへの CZ-G 吸着を抑制するジエチレングリコール（DG）を用いた．慣例に従い，表中の数字（配合量）はゴム 100 g に対する配合剤のグラム量（単位；Per hundred rubbers：phr）である．試料名称 NR-mix-V は市販のシリカを 33 phr 添加した試料で，NR-in situ-V はゾル-ゲル反応で生成させてシリカを 33 phr 含有する試料である．加圧下，150℃で 20 分間，両試料を加硫した．

両試料の 3D-TEM スライス像を図 4.1 に示した[26]．両スライス像は低コントラストで，シリカの分散状態が不鮮明であるため，このレベルのスライス像から 3 次元画像を構築することは困難であった[22, 26, 27]．この低コントラストの原因は，ゴムに可溶な亜鉛化合物（加硫剤，加硫促進剤と加硫活性化剤である酸化亜鉛との反応中間体）が加硫中に生成し，入射電子を散乱させるためと考えた[24, 28～30]．そこで，試料を独自の混合溶剤（体積比；ジエチルエーテル・ベンゼン・濃塩酸＝43/14/43）に浸漬処理することにより，ゴム可溶性亜鉛化合物を試料から除去した[29, 30]．図 4.2 は亜鉛除去処理前後の NR-mix-V と NR-in situ-V のエネルギー分散型 X 線分光分析（EDS）結果である[28]．図中の 5 つの強度

表 4.1　シリカ充てん NR の配合[24]

配合成分（phr）	NR-mix-V	NR-in situ-V
NR（RSS#1）	100	0
ステアリン酸（ST）	1	1
酸化亜鉛（ZnO）	5	5
硫黄	2	2
CZ-G[*1]	1	1
ジエチレングリコール（DG）	2	0
市販シリカ（VN3）[*2]	33	0
in situ シリカ含有 NR	0	133

[*1]：シクロヘキシルベンゾチアジルスルフェンアミド
[*2]：日本シリカ社製 Nipsil VN3
加硫条件：150℃，20 分

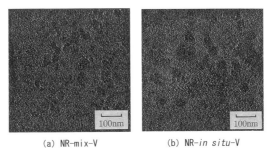

図 4.1 シリカ充てん加硫 NR の 3D-TEM スライス像[26]

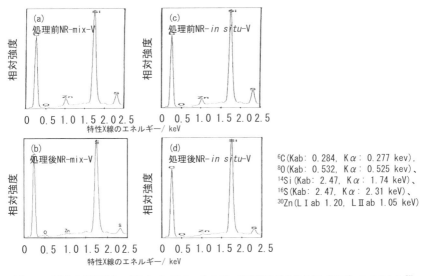

^{6}C(Kab：0.284, Kα：0.277 kev)、
^{8}O(Kab：0.532, Kα：0.525 kev)、
^{14}Si(Kab：2.47, Kα：1.74 keV)、
^{16}S(Kab：2.47, Kα：2.31 keV)、
^{30}Zn(LⅠab 1.20, LⅡab 1.05 keV)

図 4.2 亜鉛除去処理前後の NR-*in situ*-V のエネルギー分散型 X 線分光分析（EDX）スペクトル[28]

ピークの,特性 X 線のエネルギーはそれぞれ,^{6}C（Kab：0.284, Kα：0.277 keV）, ^{8}O（Kab：0.532, Kα：0.525 keV）, ^{14}Si（Kab：2.47, Kα：1.74 keV）, ^{16}S（Kab：2.47, Kα：2.31 keV）, ならびに, ^{30}Zn（LⅠab：1.20, LⅡab：1.05 keV）に帰属される. Si ピーク強度を基準にすると, Zn 元素と S 元素の除去率はそれぞれ, 90％以上と約 50％であった. 図 4.3 は浸漬処理後の 3D-TEM スライス像である. 図中, 黒く見える粒子がシリカである. ゴム中のゴム可溶性亜鉛化合物が除去されたため, 最も原子番号の大きい Si 元素の散乱コントラストにより,

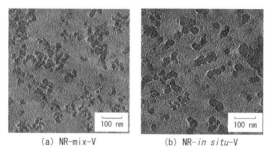

図 4.3 亜鉛除去後のシリカ充てん加硫 NR の 3D-TEM スライス像[26]

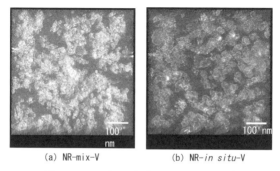

図 4.4 シリカ充てん加硫 NR の 3D-TEM 像[27]

シリカが鮮明に可視化されている．

このように鮮明な 71 枚のスライス像から 3 次元再構築して得られた，両試料の 3D-TEM 像を図 4.4 に示した[24]．市販シリカと in situ シリカともに見事な 3 次元像を与えて，その分散状態の可視化に成功した．この亜鉛除去の前処理によって，加硫ゴムの 3D-TEM 測定が可能と判断された．この結果から，亜鉛などの金属を含まないゴム試料について本測定の適用可能性が実証されたわけである．

4.1.2 シリカ分散の 3 次元可視化像とその解析

市販シリカと in situ シリカ両試料の 3D-TEM 像が図 4.4 のように得られたので，その画像解析を行った．その結果を図 4.5 に示す[24,26,27]．図 4.5 の画像解析像では，1 nm 以上離れたシリカが異なる濃淡で示されている．NR-mix-V のシリカ凝集体は比較的小さく均一なのに対して，NR-in situ-V のシリカ凝集体は比

4.1 シリカ分散の3次元可視化

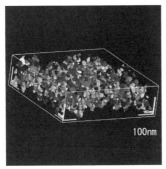
(a) NR-mix-V

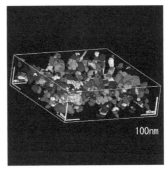
(b) NR-*in situ*-V

図 4.5 シリカ充てん加硫 NR の 3 次元画像処理像[24]

較的大きく不均一に分散している．NR-mix-V に比べて，NR-*in situ*-V の方が大きな凝集体の形成が認められる．

図 4.5 の画像処理像から計算されたシリカ凝集体（等価球）の半径のサイズ分布を図 4.6 に示した[26]．図の縦横軸は頻度と半径である．NR-mix-V に比べて，NR-*in situ*-V の方がシリカ凝集体の平均半径が大きく，その半径の分布も広い．ここでは図示しないが，NR-mix-V に比べて，NR-*in situ*-V の方がアスペクト比の分布が広いことも判明した．表 4.2 は，アルキメデスの原理，熱重量分析（TG），さらに 3D-TEM から求めたシリカ充てん加硫 NR の密度である．3D-TEM

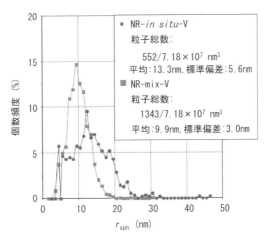

図 4.6 シリカ凝集体の等価球半径（r_{sph}）の分布[26]

表 4.2　シリカ充てん加硫 NR（亜鉛除去処理済）の密度測定結果の比較[27]

密度 （g/cm³） 試料	NR-mix-V	NR-in situ-V
アルキメデスの原理[*1]	1.08	1.10
熱重量分析（TG）[*2]	1.17	1.14
3D-TEM 観察[*2]	1.01	1.04

[*1]：溶剤：エタノール
[*2]：各成分に関する混合則：$d=d_1\phi_1+d_2\phi_2$
　　　d：シリカ充てん加硫 NR の密度
　　　ϕ_1, ϕ_2：NR，シリカの体積分率
　　　なお，ϕ_2 は熱重量分析，3D-TEM 観察より求めた．
　　　d_1, d_2：NR，シリカの密度（$d_1=0.913\,\mathrm{g/cm^3}$, $d_2=1.95\,\mathrm{g/cm^3}$）

から計算された密度は，TG やアルキメデスの原理から算出した密度とほぼ一致している[27]．

4.1.3　親水性および疎水性シリカの 3 次元可視化

シリカの補強特性にその表面特性が影響することはよく知られている[22,31,32]．この点の解明を目的に次の実験を行った．表 4.3 は親水性と疎水性シリカを充

表 4.3　シリカ充てん架橋 NR の配合[*1 22,31]

(a) 親水性シリカ

Sample	VN0	VN10	VN20	VN30	VN40	VN60	VN80
NR	100	100	100	100	100	100	100
DCP[*2] (phr[*3])	1	1	1	1	1	1	1
Silica VN3[*4] (phr)	0	10	20	30	40	60	80

(b) 疎水性シリカ

Sample	RX0	RX10	RX20	RX30	RX40	0RX60	RX80
NR	100	100	100	100	100	100	100
DCP[*2] (phr[*3])	1	1	1	1	1	1	1
Silica RX[*5] (phr)	0	10	20	30	40	60	80

[*1]：架橋条件：温度 155℃，圧力 100～150 kg/cm²，30 分
[*2]：ジクミルパーオキサイド
[*3]：ゴム 100 g あたりのグラム数
[*4]：TOSOH SILICA CORPORATION 製 Nipsil VN3（平均一次粒子直径＝約 16 nm）
[*5]：EVONIK DEGUSSA JAPAN CORPORATION 製 AEROSIL RX200（トリメチルシリル基処理シリカ，平均一次粒子直径＝約 12 nm）

てんした架橋 NR の配合表である[31~33]．親水性シリカ（粒径；約 16 nm）の表面には水酸基が存在するのに対して，疎水性シリカ（粒径；約 12 nm）ではこの水酸基をトリメチルシリル基と反応させて表面が疎水化されている．架橋剤のジクミルパーオキサイド（DCP）の配合量はすべての試料で 1 phr に設定し，シリカの充てん量を 0～80 phr と変化させた．加硫は金型を用い 100～150 kg/cm^2 の加圧下，155℃，30 分で架橋された．

図 4.7 は疎水性シリカ充てん架橋 NR（RX10, RX30, RX80）と親水性シリカ充てん架橋 NR（VN10, VN30, VN80）の 3D-TEM 像である[31~33]．疎水性シリカ充てん架橋ゴムでは，その低充てん量領域で，疎水性シリカ凝集体が系全体に比較的均一に分散する．これに対して，親水性シリカ充てん架橋 NR では，その低充てん量の領域で，親水性シリカ凝集体が比較的不均一に分散する．凝集体の大きさは疎水性シリカよりも親水性シリカの方が大きい．このことは，疎水性シリカと NR の相互作用が強いため，その凝集体が成長し難いのに対して，親水性シリカでは NR との相互作用よりも親水性シリカどうしの相互作用が強いため，すなわち，フィラー／フィラー効果（フィラー表面の極性基により，フィラーどうしが凝集しやすくなる効果）が強いため，疎水性シリカに比べて，親水性シリカ凝集体の方が大きくなることを示唆する．

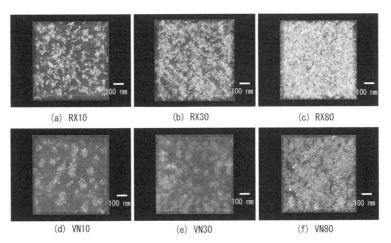

図 4.7 疎水性シリカ充てん架橋 NR（RX10, RX30, RX80）と親水性シリカ充てん架橋 NR（VN10, VN30, VN80）の 3D-TEM 像[31]

ここで図 4.8 に示すように,最近接する 2 つのナノフィラー(シリカ,CB など)凝集体をすべてそれと等体積の球形粒子で近似し,最近接粒子間距離 (d_p) を定義する[34]. d_p は最近接した凝集体の重心(図では×印)を結ぶ線上で,両凝集体の端面間の距離である.この d_p は図 4.7 の画像解析から求められ,その平均値はシリカ凝集体の分散状態を反映する.図 4.9 は疎水性,親水性シリカ凝集体の最近接粒子間距離(d_p)とその標準偏差(STD(d_p))である.d_p のシリカ充てん量依存性(図 4.9(a))において,疎水性シリカと親水性シリカの充てん量の増加に伴い,d_p は非線形的に減少し,40 phr 以上で両者の d_p は約

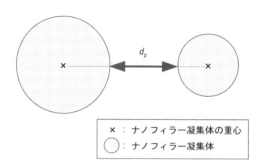

図 4.8 最近接するナノフィラー凝集体の最近接粒子間距離 d_p の定義[34]

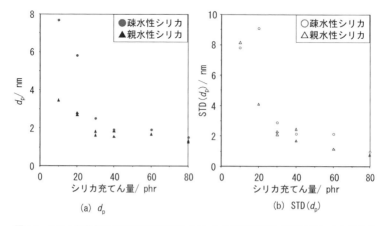

図 4.9 シリカ凝集体の最近接粒子間距離(d_p)とその標準偏差(STD(d_p))のシリカ充てん量依存性[35]

4.1 シリカ分散の 3 次元可視化

1.3 nm の一定値になる[35]．この d_p＝約 1.3 nm は，シリカ凝集体どうしの直接的な接触を妨げる特異なゴム層（バウンドラバーあるいは不動相；2.4 節参照）が存在し，この層を介したシリカネットワーク形成が示唆される．2 種のシリカ表面の極性の違いにもかかわらず収束値 d_p がほぼ同じ値であることは，この値が高充てんによる物理的な相互作用に起因することを示唆している．また，40 phr 以下では，親水性シリカに比べて，疎水性シリカの d_p の変化が顕著に大きい．これは定性的には，シリカ充てん量の増加に伴うネットワーク形成の傾向が粒子間相互作用の大きい親水性シリカ凝集体で大きく，疎水性シリカの凝集体はネットワークを形成し難いためと解釈される．また，STD(d_p) のシリカ充てん量依存性（図 4.9(b)）では両シリカともに，その充てん量の増加に伴い，STD(d_p) が顕著に減少する．これは充てん量の増加に伴うシリカ凝集体分散状態の均一化傾向を示している．

一方，図 4.10 は疎水性，親水性シリカ充てん架橋 NR の体積抵抗率（ρ_v）のシリカ充てん量依存性である[31,33]．疎水性シリカ充てん NR では，本来のシリカの水酸基が疎水化され，水分や極性化合物などが疎水性シリカ表面に吸着されないため，ρ_v のシリカ充てん量依存性は認められない．これに対して，親水性シリカの充てん量が 10 phr 以上になると ρ_v が急激に低下し，すなわち電気的なパーコレーション（体積抵抗率の急激な低下）を示し，40 phr 以上で ρ_v がほとんど一定になる．シリカ自体は電気を通さないが，親水性シリカ粒子表面

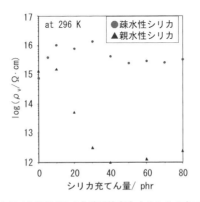

図 4.10 シリカ充てん架橋 NR の体積抵抗率（ρ_v）のシリカ充てん量依存性[31]

に吸着した水分や極性を有する化合物が導体となり，親水性シリカ充てん量が増大すると電子がシリカ凝集体間を飛び越える数も増加することにより，電気的パーコレーションを示すものと解釈される．また，40 phr 以上で ρ_v がほとんど一定になることはゴム内部で親水性シリカの電気的ネットワーク形成に対応している．したがって，導電性を示す親水性シリカは CB と同じく，d_p と ρ_v の充てん量依存性がほぼ同じ傾向を示すことになる．

ここで，$d_p=1.3$ nm を用いてシリカ凝集体のネットワーク構造を可視化することができる[31,36]．すなわち，この距離で最近接状態にあるシリカ凝集体の重心を結んでネットワーク構造の線図が得られ，架橋 NR 中の疎水性シリカおよび親水性シリカ凝集体のネットワーク構造（線図）を図 4.11 に示す．シリカ充てん量はそれぞれ，10, 30, および 80 phr である．これらの線図において，濃淡が異なる場合はネットワークが連結していないことを示す．疎水性シリカでは，30 phr 以上で系内のネットワークがほとんど連結するのに対して，親水性シリカでは，30 phr でも局所的なネットワークが偏在し，80 phr でようやく系内のネットワーク全体の連結が完了する．この結果は，先に述べた疎水性シリカに比べて，親水性シリカのフィラー／フィラー効果が強くネットワーク化の

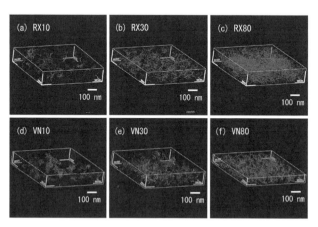

図 4.11 架橋 NR 中のシリカネットワーク
a, b, c；疎水性シリカ充てん架橋 NR (RX10, RX30, RX80)：d, e, f；親水性シリカ充てん架橋 NR (VN10, VN30, VN80)．$d_p=1.3$ nm で隣接したシリカ凝集体の重心間を線でつないだ線画で，単色像の b, c, f では全体が接続しているが，a, b, e では接続しないシリカネットワークを異なる濃淡で表示している[31]．

傾向が大きいことと照応している．図4.11をさらに詳細に観察すると，これらのネットワーク構造が，架橋高分子網目と同じように，架橋鎖（架橋点），分岐鎖（分岐点），ならびに，ネットワークに連結していない孤立鎖から構成されていることが認められる[22,30,31]．

図4.12はナノフィラー凝集体のネットワーク構造を模式的に示したものである．矢印はネットワークへの連結を示す．ここで，3D-TEM視野体積中のシリカ凝集体，ナノフィラーネットワークの架橋鎖，分岐鎖，ならびに孤立鎖の数をそれぞれ，$N.NdNd$，$N.NdTm$，および$N.TmTm$とすると，これらの鎖の分率（F_{cross}，F_{branch}，F_{isolate}）は下記の式で定義される．

$$F_{\text{cross}} = N.NdNd/(N.NdNd + N.NdTm + N.TmTm) \quad (4.1)$$

$$F_{\text{branch}} = N.NdTm/(N.NdNd + N.NdTm + N.TmTm) \quad (4.2)$$

$$F_{\text{cross}} = N.TmTm/(N.NdNd + N.NdTm + N.TmTm) \quad (4.3)$$

図4.13は疎水性，親水性シリカ凝集体とシリカネットワークの架橋鎖と分岐鎖の分率のシリカ充てん量依存性である[31]．架橋鎖の分率（図4.13(a)）では，シリカ充てん量の増加に伴い，疎水性シリカの架橋鎖分率は60 phrまで増加し，それ以上で減少するのに対して，親水性シリカの架橋鎖分率は単純に増加する傾向が認められる．また，分岐鎖の分率（図4.13(b)）では，シリカ充てん量の増加に伴い，疎水性シリカの分岐鎖分率は60 phrまで減少し，それ以上で増加するのに対して，親水性シリカの分岐鎖分率は単純に減少する傾向が認められる．疎水性シリカに関しては後述するCBと同様に，シリカ充てん量が

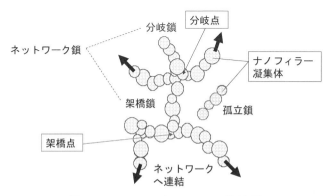

図4.12 ナノフィラーネットワークの模式図[34]

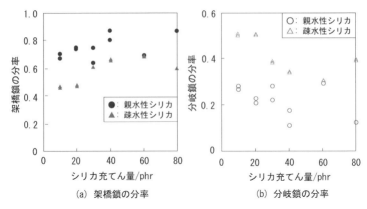

図 4.13 シリカ凝集体とシリカネットワークの架橋鎖と分岐鎖分率のシリカ充てん量依存性[31,34]

60 phr 以下ではゲル化理論に従い，シリカ凝集体の分岐鎖が連結して約 60 phr でシリカネットワークが形成し，それ以降では，このネットワークの立体的障害により分岐鎖どうしが連結できず，その分率が増加するものと考えられる．これに対して，親水性シリカではフィラー／フィラー効果が発現することを示唆している．なお，ゲル化理論によるフィラーネット形成メカニズムに関しては，後述する CB 充てん加硫 NR（4.2.2 項）を参照されたい．図 4.14 はシリカ凝集体の孤立鎖の数密度（$n_{\rm iso}$）と長さ（$L_{\rm iso}^2$）の積（$n_{\rm iso}L_{\rm iso}^2$）のシリカ充てん量への依存性を示す[31]．疎水性シリカでは，シリカ充てん量の増加に伴い，非

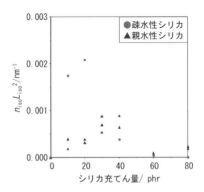

図 4.14 シリカ凝集体孤立鎖の数密度と長さの二乗との積（$n_{\rm iso}L_{\rm iso}^2$）の疎水性，親水性シリカ充てん量依存性[31,34]

線形的に $n_{\text{iso}}L_{\text{iso}}{}^2$ が減少するのに対して，親水性シリカでは，$n_{\text{iso}}L_{\text{iso}}{}^2$ がシリカ充てん量 30 phr に極大をもつ．この相違はシリカ架橋ゴムの光透過性に反映される[30, 31, 34]．

4.2　カーボンブラック分散の3次元可視化

　第1部第2章に述べたように，ゴム用充てん剤として CB は今なお不動の位置を占めている．したがって，補強に関する研究において最も多く対象となってきたのが CB であることは当然であったし，TEM 観察についても多くの研究がすでに発表されている．例えば，第1部に挙げたクラウスの補強本（第1部文献 12）の第6章には W. M. Hess による見事な CB の TEM 観察の解説がある．しかし，実用的なゴム製品の CB では 40 phr あるいはそれ以上の配合量が通常であり，2次元に投影された従来の TEM 像では，全面に CB が重なって映るだけであって，分散に関する有用な情報は得られない．試料傾斜ホルダーによる傾斜像も撮影されたが，数枚の傾斜像からの3次元像復元では定量的検討に値する情報源とはならなかった．

　現時点における，あるいは脱炭素が重要なトレンドとなるであろう近未来においても，ゴムの補強研究は当然のことながら CB を欠いては成立しない．本節では CB 配合の NR 加硫体を試料としてゴムマトリックスでの CB の分散状態を 3D-TEM により測定・解析した結果を述べる．

4.2.1　カーボンブラック分散の3次元可視化像とその解析

　表 4.4 は CB 充てん加硫 NR の配合表で[36〜39]，遅効性促進剤を用いた基礎的な配合例として用いた．CB としてタイヤやゴムベルトなどで標準的に利用されるものの一つである HAF を使用している．表左端の列は NR，加硫剤（S），加硫促進剤（CBS），加硫促進助剤であるステアリン酸と酸化亜鉛（粒径約 0.1 μm），充てん剤（CB）である．表中の数字は充てん量（単位；phr）で，表の上部の試料名の CB の次の数字は CB の充てん量である．これらのゴムコンパウンドを加圧下，140℃，5分で加硫し，前述したシリカ充てん加硫体と同様，3D-TEM 観察の前に脱亜鉛処理を行った[29, 30, 36〜39]．

表 4.4 CB 充てん加硫 NR の配合[*1 38]

試料名	CB0	CB5	CB10	CB20	CB30	CB40	CB50	CB60	CB80
配合成分 (phr[*2])：									
NR (RSS#1)	100	100	100	100	100	100	100	100	100
ステアリン酸 (ST)	2	2	2	2	2	2	2	2	2
活性酸化亜鉛[*3]	1	1	1	1	1	1	1	1	1
CBS[*4]	1	1	1	1	1	1	1	1	1
硫黄	1.5	1.5	1.5	1.5	1.5	1.5	1.5	1.5	1.5
カーボンブラック(CB)[*5]	0	5	10	20	30	40	50	60	80
CB volume fraction	0	0.024	0.047	0.089	0.13	0.16	0.20	0.23	0.28

[*1] 加硫条件：加圧下 140℃, 15 分
[*2] ゴム 100 g あたりの重量
[*3] 粒子径：約 0.1 μm
[*4] N-シクロヘキシル-2-ベンゾチアジルスルフェンアミド
[*5] HAF, 120℃ で 2 時間乾燥

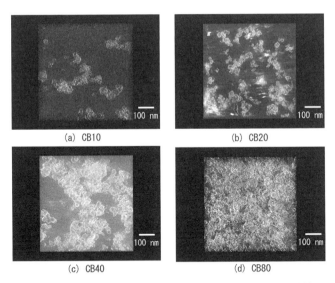

図 4.15 亜鉛化合物を除去した CB 充てん加硫 NR の 3D-TEM 像[38, 39]

Zn 化合物を除去した CB 充てん加硫 NR の 3D-TEM 像を図 4.15 に示した. 図中の白い粒状物が CB である. 図 4.16 は, 図 4.15 に示した 3D-TEM 像に 3D 画像処理をほどこしたイメージであり, 1 nm 以上離れた CB 凝集体を異なる濃淡で示している. 図 4.15, 図 4.16 から, 低 CB 充てん量では CB が均一に分散す

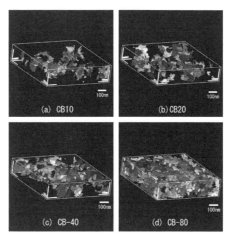

図 4.16　CB10, 20, 40, 80 の 3 次元画像処理像[38,39]

るのではなく，局所的に CB 凝集体が点在し，CB 充てん量の増加に伴い CB 凝集体が連結し，CB80 では CB 凝集体が緻密にパッキングされていることがわかる．ここで，図 4.8 で定義した最近接粒子間距離 d_p を CB 凝集体に適用する．図 4.17 は CB 凝集体の d_p とその標準偏差（$STD(d_p)$）の CB 充てん量依存性である[39〜41]．d_p の CB 充てん量依存性（図 4.17(a)）では，CB 充てん量の増加に

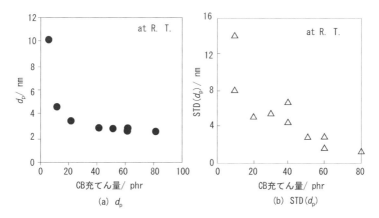

図 4.17　CB 凝集体の最近接粒子間距離（d_p）とその標準偏差（$STD(d_p)$）の CB 充てん量依存性[40,41]

伴い急激に減少し，CB 充てん量 40 phr 以上で約 3 nm に収束する．このことは CB 凝集体どうしの直接接触を妨げる特異なゴム層が存在し，この層を介して CB ネットワークが形成されたことを示唆する．また，STD(d_p) の CB 充てん量依存性（図 4.17(b)）では，CB 充てん量の増加に伴い，STD(d_p) が減少し，CB 凝集体の分散が均一になる傾向を示している[39]．

さらに，図 4.18 に CB 充てん加硫 NR の体積抵抗率（ρ_v）の CB 充てん量依存性を示す[39]．CB が導電体であるため，CB 充てん量が 40 phr より低い場合，その充てん量の増加に伴い，電気的パーコレーションを示し，40 phr 以上で ρ_v がほぼ一定となり，CB の導電性ネットワークが形成されたことが支持され，親水性シリカの場合の図 4.9 と図 4.10 の結果と照応している．なお，前述したシリカ充てん加硫 NR と同様に，3D-TEM から得られた密度は TG やアルキメデスの原理から算出した密度とほぼ一致した[13]．

前述したように，d_p は 40 phr 付近から一定値に収束していく傾向があり，CB の場合はネットワーク形成と電気的パーコレーションがほぼ一致することがわかった．CB 充てん量が 40 phr 以上では CB どうしがこれ以上接近できない距離が d_p と解釈できる．また，この d_p の値（約 3 nm）は，Nishi[42] や O'Brien ら[43] の NMR 法の結果から推定された CB のバウンドラバー（2.4.2 項参照）の厚さ（数 nm）に対応している．すなわち，多くの CB のバウンドラバーの研究結果が報告している厚み 4～10 nm 程度が，CB 充てん量の増加に伴って CB と

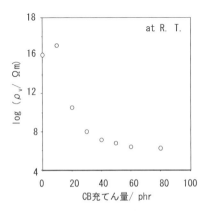

図 4.18 CB 充てん加硫 NR の体積抵抗率（ρ_v）の CB 充てん量依存性[39]

CB の剛体粒子間で圧縮されて薄くなるが，3 nm がその下限である．3 nm は電子がホッピング機構あるいは量子力学的なトンネル効果によって移動可能な距離である．これらのことから，CB 凝集体は約 3 nm のバウンドラバーを介して相互に連結し，CB ネットワークが形成されると考えられる．

CB-10, 20, 40, 80 の 3 次元 CB ネットワーク構造を可視化するために，$d_p =$ 3 nm で最近接する CB 凝集体の重心どうしを結んだ線図を作成し[36]，得られた 3 次元ネットワーク構造の線図を図 4.19 に示した[36,40]．図中，観察した試料直方体の角に太い線で示した長さは 100 nm を示している．CB 充てん量が 20 phr 以下の低い場合，孤立したネットワークが局所的に存在するのに対して，40 phr 以上では CB ネットワーク構造が試料全体に連結，拡張したものと判断される．したがって，CB 40 phr 以上における高い伝導性はこのような CB ネットワークを電子が移動することによるもので，この線図は今まで導電性データのみに基づいて想定されてきたパーコレーションの想像図を，CB の分散状態を示す TEM 像から抽出した画期的な画像といえる．この比較的強い物理的相互作用で連結されたナノ粒子のネットワーク構造は，力学や電気特性のみならず多くの物理的特性に密接に関係するものと予想され，今後の展開が期待される．なお，いずれの試料においても CB 凝集体の架橋鎖や分岐鎖が観察されたが，シリカ

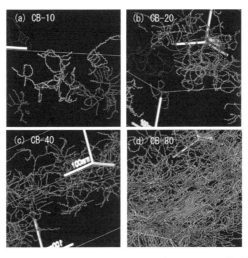

図 4.19 CB-10, 20, 40, 80 における CB ネットワークの線画像[40]

の場合と対照的に，ネットワークに連結していない孤立した凝集体は観測されなかった．

次に，シリカ充てん加硫 NR と同様に図 4.12 に基づいて，CB ネットワークの各種パラメーターを定義した．すなわち，架橋点間を結ぶ鎖が架橋鎖（$NdNd$）であり，分岐点から枝状に伸びた鎖が分岐鎖（$NdTm$）である．観察対象体積（TV）に含まれる，架橋鎖，分岐鎖の数をそれぞれ $N.NdNd$，$N.NdTm$ とすると，単位体積あたりの架橋鎖，分岐鎖の密度は $N.NdNd/TV$，$N.NdTm/TV$ と表記される．また，式 (4.1)，式 (4.2) と同様に，ネットワーク構造を構成する架橋鎖分率（F_{cross}）と分岐鎖分率（F_{branch}）を下記のように定義することができる．なお，CB 充てん加硫 NR では孤立鎖は観察されなかった．

$$F_{cross} = N.NdNd/(N.NdNd + N.NdTm) \tag{4.4}$$

$$F_{branch} = N.NdTm/(N.NdNd + N.NdTm) \tag{4.5}$$

これらの分率の計算結果の CB 充てん量への依存性を図 4.20 に示した．架橋鎖の分率は CB 充てん量 40 phr より低い CB 充てん量でほぼ線形的に増加し，40 phr 以上でほぼ線形的に減少した．これに対して，分岐鎖の分率は全く逆の傾向を示した．このことから，40 phr より低い CB 充てん量では，分岐鎖どうしが連結して架橋鎖を生成するのに対して，40 phr 以上ではネットワークの立体的な障害から架橋鎖の生成が阻害され，分岐鎖が増加するものと解釈される[13, 36~38, 40, 41, 44~47]．

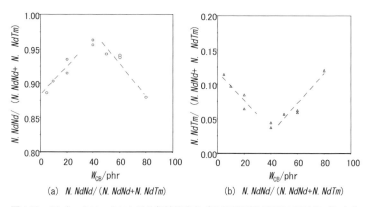

図 4.20 CB ネットワークにおける架橋鎖分率（$N.NdNd/(N.NdNd+N.NdTm)$）と分岐鎖（$N.NdNd/(N.NdNd+N.NdTm)$）の W_{CB} 依存性[38]

4.2.2 カーボンブラックのネットワーク形成

本項では，相互に連結した CB 凝集体で形成された CB ネットワーク構造の形成プロセスを解析した結果を示す．3 次元架橋高分子の合成における，二官能基以上のモノマーが架橋反応して生成する 3 次元網目構造形成と近似的には等しい，と考えて解析を行った．すなわち，高分子のゾルとゲルに関する Charlesby の理論的取扱い[47~49]を，CB ネットワークの形成過程に適用した．その概略を図 4.21 に示す．CB ネットワーク形成前では N_y 個（$y=1~n$）の，長さの異なる CB 凝集体フラグメントが混在し，このフラグメントの内には，CB 凝集体どうしを連結することができる部分つまり官能基（functional group）が含まれている．ここで，官能度 F は $F \geqq 2$ としている．また，CB 凝集体フラグメント（x_n）は，基本重量単位 m の原 CB 凝集体が n 個連結することにより構成されるとする．したがって，CB 凝集体フラグメントは，F を有する x_n 量体の鎖とみなすことができる．また，この x_n 量体は基本重量単位連結数（$y=1~n$）の分布を有する．同じ鎖内の連結はないと仮定すれば，F が連結した割合 q は一つの F が連結する確率に等しく，$(1-q)$ は連結しないで残っている確率になる．今，注目する 3D-TEM 像視野内にある基本重量単位の総数を A とすれば，A，および視野内全体で連結点（以降，架橋点と呼称）の総数（$N.Nd$）は下記式（4.6），式（4.7）のように表すことができる．

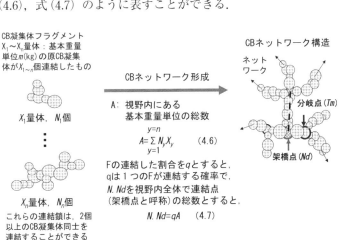

図 4.21 CB ネットワークの形成過程の解析

$$A = \sum_{y=1}^{y=n} N_y x_y \qquad (4.6)$$

ここで，N_y は x_y 量体の数であり，$y=1 \sim n$ である．

$$N.Nd = qA \qquad (4.7)$$

また，CB 充てん量（W_{CB}）を式(4.8)のように表記できる．

$$W_{CB} = \xi m \sum_{y=1}^{y=n} N_y x_y \qquad (4.8)$$

ここで，ξ はゴム中に CB が均一に分散すると仮定した場合の CB 含有量補正係数（＝CB 充てんコンパウンドの体積/3D-TEM 像視野体積），m は CB 凝集体フラグメントを構成する CB 一次凝集体の基本重量単位である．式(4.6)〜(4.8)を組み合わせて整理すると，視野体積 TV 中の架橋点密度（$N.Nd/TV$）は式(4.9)のように表記され，CB ネットワーク形成が Charlesby のゲル化理論[47〜49]に従う場合，$N.Nd/TV$ は W_{CB} に正比例することになる．

$$N.Nd/TV = (q/\xi m TV) W_{CB} \qquad (4.9)$$

図 4.22 は CB ネットワークの架橋点密度（$N.Nd/TV$）と W_{CB} との関係である[50]．$W_{CB} \leq 20$ phr の領域において，（$N.Nd/TV$）の W_{CB} 依存性が近似的に原点を通る直線（図 4.22 中の傾き（$q/\xi m TV$）の実線）関係であることから，この領域における CB 凝集体の形成は Charlesby のゲル化理論によって解釈できることがわかった．なお，20 phr ＜ W_{CB} ＜ 30 phr の領域には，CB 凝集構造に関す

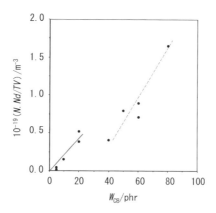

図 4.22 CB ネットワークの架橋点密度（$N.Nd/TV$）と W_{CB} との関係[50]

る構造転移現象が存在する[50]．さらに，30 phr≦W_{CB} の領域でも，W_{CB}≦20 phr の領域における傾きよりも大きな傾きの直線（図 4.22 の鎖線）関係が認められる．これに関して，m，ξ，ならびに TV は W_{CB} に依存しないと考えられるから，例えば W_{CB}≦20 phr の領域よりも大きな F や q を有する CB ネットワーク鎖が生成し，それらの連結によりさらに高次のネットワーク構造を生成すると推定することが可能である．

以上 CB のストラクチャー形成を，3D-TEM による実験結果を中心にナノフィラーネットワークの形成とその網目構造について解説した．これらの結果に加えて補強作用に関する歴史的研究の跡をたどり，ほかの関連する知見を合わせて CB の補強効果におけるフィラーネットワーク構造の詳細とその役割を第 5 章（5.3 節と 5.5 節）においてさらに考察する．

4.3　その他のフィラーの3次元可視化

シリカや CB 以外のナノ粒子や非粒子状ナノフィラーなどを充てんした高分子複合材料の 3D-TEM 観察結果も報告されている．特に非粒子形のナノフィラーについては，配向に関する情報も同時に得られる可能性があるので，3D-TEM の有効性が大いに発揮されている例もあり，今後さらに適用範囲は広がって行くものと予想される．必ずしもゴム用途ではない試料を含めて 3D-TEM 測定の点から興味深い実例を簡単に紹介する．

Koster ら[51]は金属／天然ゼオライト（モルデナイト）結晶（Ag/NaY）の 3D 再構築像が，銀粒子（直径 10～40 nm）の位置に関する明確な情報を与え，また酸浸出モルデナイトの 3D 再構成像の仮想断面が，3 次元メソポーラスチャネル系（直径 3～20 nm）を明瞭に示すことを報告した．さらに彼らは 3D-TEM を用いてゼオライト微結晶のメソポア中の銀粒子を詳細に可視化できることを示し，3D-TEM がナノ構造の固体触媒の特徴づけにおいて画期的な手法であると結論している[52]．田中[53]は酸化亜鉛微結晶の 3 次元（3D）再構成像として，外形による反射波を使用するトポグラフィー像（試料表面の凹凸像）とトモグラフィー像を比較して，トポグラフィーに比べてトモグラフィー像はさまざまなアーティファクト混入の可能性があり，分解能が劣ることを示唆した．試料と

その形態に依存した選択が必要であろう．

陣内ら[54]はモンモリロナイト（MMT）を配合したエチレン酢酸ビニル共重合体（EVA）の3次元構成データにおいて，2枚の非常に接近した板状クレー（厚さ約2 nm）の間隔が0.83 nmであることを見出した．また傾斜角度$-90°$～$+90°$と$-60°$～$+60°$回転されたジルコニア（ZrO_2）／高分子ナノコンポジットの3次元再構成像を比較し，当然のことながら，後者に比べて前者の方が非常に鮮明であることを示している[55]．Midgleyら[56]はメソポーラスシリカ内のPt/Ruナノ粒子，いくつかの磁性鉄粒子がカプセル化された多重壁ナノチューブの表面（炭素支持体上）のCdTeテトラポッドなどのかなり複雑な3次元構築像を報告している．

Nishiokaら[57]は，EVA中に分散された親有機性MMTにおける分散・凝集構造を検討し，3D再構成画像から評価された粘土層の体積分率は，MMT成分の重量から計算されたものとよく一致すること，また，EVA中のMMTの異方性に関して，同じ体積を有する近似楕円体の3つの半軸のうち代表的な半軸の1つを用いて，超薄切片におけるMMTの平均配向を推定できることを示した．Arslanら[58]は，CdTeテトラポッドサンプルの電子トモグラフィー像において，固有のアーティファクト（データの「欠落」）が，任意のオブジェクトから得られる情報の量，すなわち欠落したくさび（missing wedge；取得できない傾斜角度のスライス像）により制限されることを報告し，この問題を回避する1つの方法として，二重軸ホルダーを使用した，2つの垂直な傾斜軸，「二重軸トモグラフィー」と呼ばれる技術からデータを取得することを提案した．

Sinklerら[59]は，商業的な用途に最も広く使用される触媒担体の1つであるγ-アルミナに関して，3D-TEMが気孔および粒子の形状を評価するためのより完全で潜在的に定量化可能なアプローチであり，これらが熱処理によってどのように異なるかについての理想的な手段を提供することを示した．Ersenら[60]は3D-TEMを用いることにより，マルチウォールカーボンナノチューブ上およびその内部のパラジウムナノ粒子の位置を検出し，チューブチャネル内部への異元素の導入はチューブ内部チャネルの直径に強く影響されることを明らかにした．Moreaudら[61]は，3D-TEM観察が精製および石油化学製品の重要な触媒担体であるγ-アルミナの表面特性（粒子のサイズと形状など）を決定するうえ

で非常に有用であることを報告した．大原ら[62]は，液中で制御したテーラーメイド無機ナノクリスタルであるセリア（酸化セリウム（IV），CeO_2）の3次元観察を行い，3D-TEM 観察像がセラミックナノキューブのサイズや形状の制御に非常に有効であることを明らかにした．

Sato ら[63]は，高角度環状暗視野透過電子顕微鏡法によって得られた単軸チルトトモグラフィー像により，電子ビーム蒸着および後置成長焼鈍によって調製された FePd ナノ粒子の3次元形状および粒子分布を研究した．その際，粒子サイズ，形状，および位置は，重みづけ逆投影（weighted back projection：WBP）および同時反復再構成技術（simultaneous reconstruction technique：SIRT）を定量的に比較することにより，WBP による再構成強度マップには，SIRT による結果には存在しない少数のドット状のアーティファクトが含まれており，WBP によって得られた粒子表面は SIRT によるものよりも粗いことや，もとのデータセットに「欠け」が存在するため，SIRT は，WBP よりも z 方向の粒子サイズの推定値が劣ることを実証した．Bals ら[64]は多孔質 $La_2Zr_2O_2$，Ag クラスター，PdSe-CdSe コア-シェル構造，Au ナノロッド，ならびに Ge クラスターに関して，高分解能電子トモグラフィー，すなわち 3D で解像度を原子レベルで観察した結果を示した．変わり種ともいえるが Bescond ら[65]は，3D-TEM を用いてエチレン拡散火炎および航空機エンジンによって生成された実際の煤の一次粒度分布の自動決定法を提案した．

Bai ら[66]は 3D-TEM を用いて，レーザー焼結されたポリアミド 12（PA12）-カーボンナノチューブ（carbon nanotube：CNT）ナノコンポジット部品における CNT の分散評価を行い，レーザー焼結後の PA12-CNT 部品において CNT が凝集しないことを明らかにした．Das ら[67]は，ソフトグラフェンを充てんした溶液重合 SBR の 3D-TEM 観察結果から，グラフェンシートがオリゴマー層中に存在することや，ゴムマトリックス中で CB 共存下グラフェンシートが複雑な形態のフィラーネットワークを形成することを報告している．従来の CB に加えて，これらカーボンアロトロープの研究と開発競争はここ数年で加熱しており，ゴムマトリックス中で球状粒子である CB のみならず非球状のフィラーでも3次元ネットワーク構造の形成が推定されるようになってきた．

Natarajan ら[68]は，エネルギーフィルタリングされた電子線トモグラフィー

を使用し，CNT のエポキシマトリックスナノコンポジットの 3D ナノスケール形態観察結果から，このコンポジットにおける CNT の体積分率の増加に伴う CNT 形態および分散状態，CNT ネットワーク構造，CNT の配列，束形成，および表面うねりなど，多様な構造パラメーターに関する定量的な情報を提供した．Guan ら[69)] は 3D-TEM を用いた，ポリマーマトリックス中のモンモリロナイトおよび層状複水酸化物フィラーのマクロ分散画像化技術を開発し，有機-無機複合材料中の無機フィラーマクロ分散の直接 3 次元観察の開発において新しい道を開いた．また，Orhan ら[70)] は油の燃焼により生成する煤ナノ粒子の特徴づけに関して，従来の 2D 測定から得られる形態的パラメーターよりも 3D-TEM 観察から得られる 3D パラメーターの方が顕著に優れることを報告している．

以上の多彩な実例から明らかなように，3D-TEM はシリカや CB 以外にも，ナノ粒子や非球状形のナノフィラーなど広い範囲のナノ材料の 3 次元形態や構造，凝集状態などの観察に，そして多くの場合に定量的な計測に利用されつつあり，今後ますますの発展が期待できる分野であろう．

5 カーボンブラックによるゴムの補強機構

　本章では，カーボンブラック（CB）をはじめとするナノフィラーによるゴムの補強作用に関して簡単な歴史的考察を踏まえて，1950年代から現在までに提案された現象論的な補強機構の仮説について概説し，それに関連して3D-TEM以外の放射光等を利用したゴム用ナノフィラーの構造解析に関する最近の研究成果を紹介する．後者はナノフィラー凝集の階層構造，すなわちナノフィラーアグリゲートやアグロメレートを扱ったもので，ゴムの補強機構を考えるうえでの有用な知見である．ゴムマトリックス中での非常にユニークなストラクチャー形成によるナノフィラーネットワークの特徴を，著者らが提案する補強機構の要として具体的に解説する．さらに，CBのネットワーク中のCB／天然ゴム（NR）相互作用層の3D-TEMによる可視化の結果を示し，ゴム補強領域である高CB充てんでの力学特性の考察を目的として，CB／NR相互作用層とゴムマトリックスから成るレオロジー的並列モデルを提案している．低CB充てん領域でのその効果は，従来知られているようにCBの一次アグリゲートのゴムマトリックス中での流体力学的効果と解釈できよう．

5.1　前史（19世紀〜20世紀前半）

　1839年にアメリカのグッドイヤーがゴムの加硫を，1906年にオーエンスレーガーがゴム用加硫促進剤を発明したことに加えて，1904年にイギリスのS. C. MoteによってCBによりゴムの補強効果が見出されたことが，その後の米国のGoodrich社の耐摩耗性に優れた自動車用タイヤの開発に結びついた[22]．特にゴムのCBによる補強効果により，ゴムの強度，耐久性に加えて，タイヤ，ゴム

ベルトなど多くのゴム製品に必須の摩擦・摩耗特性など機能と関連する物性が著しく向上したことで，ゴムが有用な工業材料となっていった（第1部参照）．

高性能ゴム開発への精力的な努力の過程で，CBによる補強効果を科学的にどう解釈するかはかなりの難問であったようで，ゴム工業界で一般的に認められるような特定の具体的モデルの提案などは長期間現れなかった．例えば，1937年発行の文献[71]はアメリカ化学会ゴム部会の総力を結集して執筆された教科書（全941頁）であるが，全26章の内で補強関係は第11章のみ（34頁）である[72]．章では1/26＝3.8％，頁数では34/941＝3.6％の補強関係の比率は，現在からすると補強性フィラーと補強効果が当時は不当に過小評価されていたと誤解されるかもしれない．しかし，この比率の低さはそのまま「補強効果」解明の困難さ，換言すれば機構的な考察の複雑さと困難さによって，挙げるべき価値ある論文が少数であったことと解釈すべきであろう．その第11章ではfillerの意味でpigmentが用いられていて，章の前半ではその当時まで補強性のpigmentsとみなされてきた$MgCO_2$，ZnO，China clay，lithopone，whiting，baryteなどが，CBに比べて小さな補強効果しか示さないことが正しく結論されている．後半ではCauses of Reinforcementすなわち補強効果の解釈がレビューされ，粒径，形状，化学組成，表面活性として(a) flocculated systems，(b) dispersed systems，(c) plastic solid films，(d) heat effectsが取り扱われていて，関連する研究報告を淡々と列挙し解説している．しかしながら章末（p. 410）には，将来に向けて示唆に富むが非常に厳しい反省が，大胆にして率直，かつ明解に次のように述べられている．

> 'Enough moot questions have been raised and contradictions pointed out in this discussion to show the meagerness and insufficiency of our knowledge of reinforcement. In many cases we are misled by incomplete, inadequate, or even inaccurate, data. Absurd and grossly stupid conclusions have resulted. In many cases, conflicting and irreconcilable opinions have been based on the same facts. Because of the lack of a critical survey of the situation, many of the discrepancies have passed unobserved, and certain erroneous ideas have been accepted as facts. Of the latter, the authors, perhaps even in the present chapter, may be guilty.'

ここで "moot" は「大いに議論の余地がある」の意味で，執筆時点での補強に関する知見が矛盾を含む極めて不十分なものであることを，この章の3人の共著者は明確に認めていた．"guilty"（有罪）は言いすぎではないか？　というのが率直な感想であろうが，多くの報告を点検した共著者自身の仕事をも含めての断罪である．鋭い指摘ではあるが，ゴム研究者仲間として身の引き締まる思いがする総括ではなかろうか．

このような状況の中で特記すべきことは，彼らはCBの粒径が最も重要な因子であることを明確に認めており，先の引用文に続いてこう述べている．

> 'This chapter would be incomplete without some concrete suggestions for remedying this situation.
> Effect of Particle Size. It has been pointed out that data are lacking which make it possible to determine whether fineness of division alone produces reinforcement. This problem is one of the most difficult; but if solved, it would throw great light on the whole question of reinforcement.'

すなわち，CBの微細粒径が補強の必要条件であることを認めたうえで，「粒径のみでよいかどうかはまだ判断できない．これは難問ではあるが，もし解決できれば補強の全貌に光をあてることになる」と確信をもって予言している．この3人の共著者の1937年における洞察力は実に驚くべきもので，感嘆のほかはない．

その後，ナノフィラーであるCBが「ストラクチャー」なるいささかあいまいな概念のもとに，アグリゲート，さらにアグロメレートを形成すること（CB基本粒子の分散力による会合）が認められるようになった．この段階で発行された補強の専門書が，第1部に解説したクラウスの編集になる文献[73]であり，その第3章[74]はペインによるゴムの補強について1965年時点での非常に優れたまとめで2.4節で紹介したので参照いただきたい．

要約すれば，3人のゴム研究者（Shepard, J. N. Street, C. R. Park）の優れた洞察[72]のうえに，Payneの絶妙というべきまとめ[74]があって，それらに刺激されて多くのゴム研究者の努力の蓄積が後に続いた．以上がゴムの補強研究についての前史である．

5.2　ゴム補強効果のモデルとその展開 I（20 世紀後半〜20 世紀末）

　前節の歴史を受けてその後の発展は，ゴム補強機構解明のための作業仮説の提案とその実証を行う段階となった．CB についていえば，凝集（会合を粒子状の基質について凝集と表現する）によるアグロメレートの形成とその具体的な形態が問題となったのである．CB は導電性を示すから，導電性ゴム複合体におけるパーコレーション（percolation）に関する数多くの論文が現れ，その影響もあってゴム用フィラーの究極のアグロメレートとして，3 次元的なフィラーネットワーク構造が有力な仮説として徐々に認められるようになっていった．そのような気運の中で，21 世紀を迎えて本書は 3D-TEM を用いた実験によってその仮説を実証したものである．3D-TEM のように高度な精密装置が 20 世紀末に実用化されたこと，そしてその成果としてのフィラーネットワーク構造の実証がゴムの補強機構の解明に新しい地平を開拓しえたことは幸運であったが，同時に歴史的観点からは「機が熟していた」結果でもあることをこの節で説明したい．

　上記の研究・開発トレンドの中で比較的初期に現れた作業仮説は，ファーネス法以前のチャンネル法やサーマル法により製造された CB 表面には化学的に活性な官能基の存在が知られていたこともあって，ゴム分子と粒子表面の化学的な共有結合（―）を考えて

粒子表面―ゴム分子―粒子表面

のごとく，ゴム分子鎖が介在するフィラー粒子のネットワーク化であった．その実例を図 5.1 と図 5.2[75〜78] に示す．前者は充てん剤によるモジュラス増大作用を説明するために，加硫反応の結果として生成するフィラー周辺の化学構造として発想されたようである．後者は近接するフィラー表面がゴム分子鎖の両末端で結合されている．ここで仮定された 3 種の分子鎖は，結果的にはその長さに依存して高緊張鎖，低緊張鎖，無緊張鎖（遊んでいる鎖）から成り，フィラー補強ゴムの繰り返し伸長時に応力や弾性率が減少する Mullins 効果の説明に用いられた．しかし，オイルファーネス法 CB では表面官能基濃度が少なく，その普及に伴って CB 表面の化学反応は困難となり，このような「ゴム分子鎖

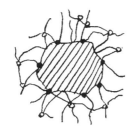

図 5.1 充てん剤粒子とゴム分子との結合による網目[75]

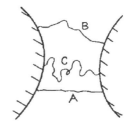

図 5.2 2つの隣接するフィラー粒子に化学結合した3種のゴム分子鎖[76]

が介在する化学結合によるフィラー粒子のネットワーク化」の考え方は，ゴム研究者・技術者の一般的な合意を得るには至らなかった．

一方，1965 年発行の文献 73 の普及につれて，ゴム補強のメカニズムに関してバウンドラバー形成が重視されるようになった．CB 充てんゴムの場合，バウンドラバー（2.4.2 項参照）はゴム分子が CB 表面に物理的，化学的に吸着するのみならず，混練工程中に機械化学的（mechnochemical）に切断されたゴムフラグメントが CB 表面に結合したものをも含んでいる可能性があり，マトリックスゴムに比べて低運動性である[79~85]．このバウンドラバーが一般に受け入れられたことについては文献 73 とともに，藤本[86,87]による CB 系加硫ゴムの不均質モデル（図 2.1 を参照）の提案が世界的にも大きな役割を果たしたと思われる．ゴムマトリックス（A 相），架橋点密度が高い領域（B 相，加硫反応の不均一性によるもの）と充てん剤周辺のバウンドラバー（C 相）から成る不均質構造を呈する．このモデルはバウンドラバー相の本質が具体的に表現された好例で，その後の補強関係論文に度々引用されるとともに，多くのバリエーションが提案されてきた．

バウンドラバー関係で優れた研究を行ったクラウスは，フィラー粒子の大きさは間違いなくゴム補強剤の最も重要な変数であるが，エラストマー中の充てん剤の影響をすべて説明するものではなく，ゴムと充てん剤の間の特定の相互作用も重要な役割を果たさなければならないことを主張した[79,80]．この主張が先に引用した 3 人の共著者の結論[72]に照応したものであることは明らかであろう．事実，クラウスは 1965 年の編書[73]の第 1 章に F. Bueche のネットワーク理論を配置したのである[78]．

そのクラウスの意向に沿ってというべきか，文献 72 の予言を具現化するかのようなペインによる 3 つの補強因子[74]の提案があった．すなわち，(1) 流体力学的効果，(2) バウンドラバー，(3) フィラーのストラクチャー形成，が補強を考えるための 3 つの因子としてゴム分野で確立し，世界中のゴムの教科書のほとんどがこのペインのまとめに従った補強の説明を行ってきた (2.4 節および 2.5.4 項を参照のこと)．この状況下，(2) バウンドラバーは実験的研究を中心に多くの論文が現れてその精密化が進行したが，藤本[86,87]による CB 系加硫ゴムの不均質モデルを超えるもの，あるいはそれを否定するような研究は現れなかった．(3) に沿って究極のアグロメレートとして想定されたフィラーのネットワーク構造については実証の実験手段に乏しかったため，色々な場合や事例に合わせた作業仮説のレベルの提案のみで，20 世紀末まで推移してきたといえる．例えば，石川ら[88]は CB 充てん加硫ゴムの耐摩耗性に関して，ゴムコンパウンドのモルフォロジーを提案した．それはフリーポリマー相とリング状の CB と CB 凝集塊相から構成され，巨視的には後述する CB ネットワーク構造と類似した提案であった．

5.3　ゴム補強効果のモデルとその展開 II (21 世紀初頭)

そして十数年間の模索のまとめともいうべき研究が世紀末から 21 世紀初めに公表された．その一つが Krüppel らによる研究である[89〜91]．彼らは一連の実験結果を踏まえながら，ド・ジャン (P. -G. de Gennes) によるスケーリング (scaling) 則[92,93]や Mandelbrot によるフラクタル (fractal) の概念[94,95]に基づく半理論的考察を行った．すなわち，ゲル化理論をフィラー粒子に適用し，ある限界距離で近づいたときに化学的ではなく物理的に結合する「クラスター」(数個から数十個ないし，それ以上の個数の CB 粒子の会合体) が生成するプロセスを経て，フィラーネットワークが形成されることを提案している．de Gennes による C^* 定理に従って，ϕ，ϕ^+ および ϕ^* をそれぞれ，フィラー濃度，フィラー凝集の限界濃度，および，フィラーネットワーク生成のゲル化点の濃度と定義すると，ϕ が $\phi < \phi^+$ および $\phi^* > \phi > \phi^+$ の範囲では，補強はフィラー粒子やクラスターの流体力学的相互作用 (hydrodynamic interaction) に由来し，一

方 $\phi^* < \phi$ では，補強はフィラーのネットワーク構造に起因すると解釈される．

理論的および実験的な観点からさらに 2 件を引用しておこう．理論面で挙げるべき文献は G. Beaucage らによるものである[96]．しかし，その視野は加工を含めたゴム技術全体を見通すには至っておらず，重きを置いたかに見えるフィラーのフラクタル解析の発展方向が，具体的には示されていないように思われる．実験面では Gerspacher らによる次のタイトル "Flocculation in Carbon Black Filled Rubber Compound" の論文が挙げられる[97]．ここで flocculation は，混練時に CB 高次アグリゲートの崩壊が起こり多くは一次アグリゲートへと還元されるが，混練後の加工プロセスでの「再凝集」により高次アグリゲートやアグロメレートが再形成されることを意味している．再凝集による CB ネットワークの生成も言及されてはいるが，焦点は再凝集過程におけるバウンドラバーの役割に置かれ，その重要性が結論されている．しかし，バウンドラバーと CB ネットワーク形成の重要な関係の考察には至っていない．以上を含めていくつかの研究は，CB をはじめとしたナノフィラーの究極のアグロメレートとしてのネットワーク形成の具体的な解明が近づいていることを示唆するものであった．

このような状況の中で，本書の主題である我々の 3D-TEM によるナノフィラー分散の研究は 2000 年に開始されたもので，その第 1 報は 2004 年に[24]，また 2008 年には総説が「高分子科学の進歩」誌に掲載された[13]．我々が研究のスタート時点で作業仮説として設定し，文献[13, 22, 33, 36, 46, 98]などに発表したのが図 2.5 であった．この図 2.5 を出発点として，第 4 章に説明された 3D-TEM の結果をフォローすることによって，フィラーネットワークに至る過程を次のように説明することができる．

(1) 図 5.3 にまずナノフィラーの基本粒子を剛体球として示した．これはアインシュタインが粘度式を導出するにあたって前提とした仮定である (2.4.4 項参照)．ナノ粒子はこの基本粒子が分散力（粒子−粒子相互作用）により凝集し一次アグリゲートとして存在する．市販 CB も一次アグリゲートであることに注意しなければならない (2.4.3 項参照)．ゴムに CB を混練すると一次アグリゲートが粒子−ゴム相互作用によりバウンドラバーにより覆われる（CB の場合は厚みが約 3 nm 以上のゴム層，シリカでは約 1.3 nm 以上；図 4.17 および図 4.9

ナノフィラーとゴムの混練によるバウンドラバーの生成

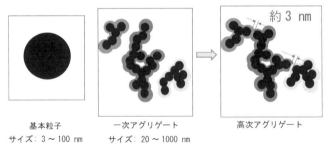

図 5.3 ゴムと混練後マトリックス中で，一次アグリゲートから高次アグリゲートへストラクチャー形成

を参照).このゴム層を介在しながらも，粒子-粒子相互作用によって一次アグリゲートがさらに会合して高次のアグリゲートが形成される．

(2) これらバウンドラバーを伴ったアグリゲートが，図 5.4 に示すようにゴム配合物の加工プロセス（混練，成型，架橋）中さらに高次アグリゲートへと会合し，架橋後のゴム中では究極のアグロメレートとしてフィラーのネットワーク構造が形成される．

(3) 図 5.5 にはナノフィラーネットワークに想定されるモルフォロジーをスケッチした．数個から数十個の基本粒子が分散力によって（ゴム層を介さずに）直接接触した一次アグリゲートが，バウンドラバー（CB では厚み 3 nm）により表面を覆われた状態でさらにランダムに会合して，最終的に形成されたネットワーク状の構造を示している．アグリゲートどうしの接触はあくまでバウンドラバーのゴム層を介しているから，A で示した接触点は一定の柔軟性を保持した「架橋点」といえる．このゴム層はマトリックスゴムに比較して運動性は

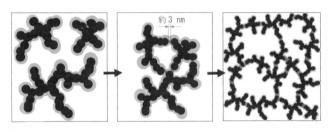

図 5.4 アグリゲートからアグロメレートへの高次化とフィラーネットワーク形成

5.3 ゴム補強効果のモデルとその展開 II (21世紀初頭)

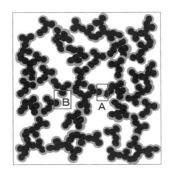

図 5.5 ナノフィラーネットワークのスケッチ
A：約 3 nm のゴム相に仲介されて接触する架橋点. 変形により脱離の可能性がある.
B：非接触であるが変形によりゴム相が接触し, 新たな架橋点となる可能性がある.

低いが, 剛体ではありえない. 従来は, 剛体球により構成されたフィラーネットワークはゴムの柔軟性と対照的に剛体的であるとして, ゴムの変形時には容易に破壊されると解釈されてきた. ペイン効果の説明がこれであった. しかし, 図 5.5 はフィラーネットワークがゴムのネットワークには劣るとしても, フレキシブルでありうることを示唆している. したがって, NR の伸長結晶化（SIC）のデータを説明するために提案されたパンタグラフ型の変形（前著『ゴム科学―その現代的アプローチ―』の第 3 章図 3.19 を参照）が図 5.5 のナノフィラーネットワークでも可能と考えられる. さらに, 変形によって A の架橋点は脱離により破壊されても, B で新たな架橋点が形成される可能性があり, 共有結合によるゴムネットワークに近い柔軟性を保持することも可能であろう.

このシナリオによれば, ゴムのナノフィラーによる補強作用はバウンドラバーとフィラーネットワークの共存と協力によるものであり, いずれを欠いてもその有効性は損なわれる. 図 5.5 は, 我々が行った 3D-TEM によるフィラーの可視化研究の最も重要な結論であり, この知見をもとにゴムの補強作用についてさらに合理的な機構研究の展開が期待される. このフィラーネットワークは力学的にある程度フレキシブルであると同時に, アグリゲート表面間の距離が CB では約 3 nm, シリカでは約 1.3 nm であり, ファンデルワールス力の有効範囲内であるに留まらず, 電子のホッピングあるいはトンネル効果による移動可能距離である[99〜101]. CB（図 4.18）と親水性シリカ（図 4.10）で認められ

た電気的パーコレーションは，このゴム層の厚みが数十 nm であったら，観測されなかった可能性が高いと考えられる．

「時を同じくして」というべきであろう，21 世紀初頭にこのゴム補強分野で新しい展開が始まっている．例えば，先に紹介した Krüppel の研究室から，Gal らが CB 充てん加硫 SBR の滑り摩擦現象の粘弾性的な解析を行い，フィラークラスターの模式図として図 5.6 のようなモデルを提案した[102]．一見して図 5.5 と似ているが，この図には全く異なった内容が盛り込まれている．ここで黒色の剛体球は一次凝集体を表していて，彼らは基本粒子に準じて一次アグリゲート（クラスター）に均一サイズを仮定している．しかし化学結合ならともかく，ファンデルワールス的相互作用による均一なサイズのクラスター生成の仮定には無理がある．また，高次アグリゲートの存在が無視されている．明るい灰色のゴム殻はバウンドラバーであろうが，濃い灰色の介在部分はガラス状（つまりは剛体）の「ポリマーブリッジ」とされていて，我々が推定したようなフィラーネットワークのフレキシビリティの可能性は全く考慮されていない．バウンドラバーが不動層（immobilized layer）と呼ばれることはあるが，ダイナミクスの観点からは「不動」を文字通り「全く運動しない」と解釈することにも無理がある．このような難点はともかく，ほぼ同時期にフィラーネットワークの具体的なイメージが違った観点から提案された点は興味深い．「機が熟していた」ことの反映であろうか．

さらにバウンドラバー関連の研究も継続していて，例えば，Litvinov ら[103]は低磁場プロトン NMR を用いて，CB 表面の結晶境界に分子運動性の低い EPDM（ethylene propylene diene rubber）ゴム鎖が吸着した界面と，その外側に吸着

図 5.6　結合されたゴム殻を有するフィラークラスターの模式図[102]
粒子（一次アグリゲート）周辺の影はバウンドラバーで，粒子間の濃い灰色の部分はポリマーブリッジと名づけられ剛体とされている．

EPDMのバウンドラバー層（厚さ0.6 nm以上）が形成され，この物理的に吸着したEPDM鎖のモノマー単位は約9個であることを推定するとともに，この少量のバウンドラバー相がCB充てん加硫ゴムの物性に著しく影響を与えることを示している．今後はゴムの種類によってバウンドラバーのみで補強効果が十分に説明可能な場合があるのかどうかなど，さらに焦点を絞った研究が求められよう．

5.4 放射光等を利用したフィラークラスターに関する最近の成果

TEMや3D-TEMよりも広範囲のサイズスケールで，ゴム中の階層的なナノフィラー分散・凝集構造を研究するために，小角X線散乱（small-angle X-ray scattering：SAXS）など電磁波散乱法は極めて有用な手法であることは，よく知られている．SAXSから得られる微粒子試料に関する典型的な回折データと情報を図5.7に示す．縦軸は散乱強度$I(q)$で，横軸は散乱ベクトルq，あるいは散乱角（2θ）である．このSAXS散乱パターンから，2θ，あるいはqの増加に伴い，粒子間相互作用，粒子の大きさ，粒子の形状，粒子表面の形状などに関する情報が得られる[104]．特に，粒径分布が小さい系における粒子解析法の有用な解析法の一つとして，散乱強度（$I(q)$）とq^2（あるいはθ^2）に関するギニエ（Guinier）プロットが知られている．

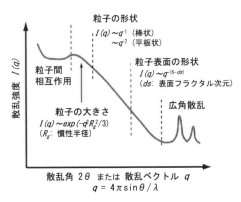

図5.7 SAXSから得られる微粒子試料に関する典型的な情報[104]

$$I(q) = I(0)\exp(-q^2R_g^2/3) \tag{5.1}$$

ここで，$I(0)$ は入射線の強度，R_g は粒子の慣性半径である．以下に散乱法を用いた，最近のフィラー充てんゴムの研究成果について紹介する．

Koga ら[105]は中性子とX線を組み合わせた超小角散乱（combined ultra-small-angle and small-angle scattering：CSAS）法を用いて，機械力学場における高CB 充てん（CB の体積分率：0.20）SBR，および参考として音場における CB 分散トルエンの階層構造を解析した．その結果と電子顕微鏡観察結果を合わせて，彼らは CB／SBR 系の階層構造の模式として図 5.8 を提案した．

ここで，階層構造の低いレベルから高いレベル（図 5.8 の a レベルから g レベル）に関して，a は SBR 分子鎖が原子構造から成り，b は一次 CB 粒子表面の表面フラクタル次元（D_s）が約 2.6，c でこの粒子の半径 R_{TEM}＝13 µm，d で一次粒子最大 9 個が融合したアグリゲートの大きさ（R_a）が約 27 nm であることを示した．さらに，e ではゴム中，アグロメレート（レベル 1）が前記アグリゲート 1，2，4 個が連結した凝集単位である「分散単位」から構成され，f では前記アグロメレート（レベル 1）が幾つか連結して回転楕円状のアグロメレート（レベル 2；著者らはマスフラクタル構造と呼称）が形成され，そのマスフラクタル次元（D_m）が 2.3，その大きさ（l_u）は CB 充てん SBR で 10 µm，CB 充てんイソプレンゴム（isoprene rubber：IR）で 20 µm より大きいこと，g レ

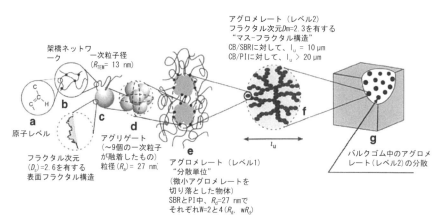

図 5.8　CB／SBR の階層構造の模式図[105]

ベルでは前記マス-フラクタル構造がゴム中に分散することを明らかにした.

この結果は図5.3と図5.4に沿って説明した我々の提案するモデルと,少なくとも定性的には矛盾がない.彼らの一次CB粒子は我々の「基本粒子」のことであり,アグリゲートは我々の「一次アグリゲート」,アグロメレート（レベル1）は「高次アグリゲート」,アグロメレート（レベル2）あるいはマスフラクタルと称するものは「アグロメレート」と解釈できる.しかし残念なことに,彼らはSBR, IR中でのバウンドラバー生成について全く考慮しておらず,したがってというべきなのか図5.5に示した「究極のアグロメレートであるフィラーネットワーク」を含めていない.彼らのアグロメレート（レベル2）あるいはマスフラクタルはいわゆるプレゲル状態にあって,SBR中では系全体をカバーするようなフィラーのネットワーク構造は存在しない可能性を示唆しているのかもしれない.

Hagitaら[106, 107]は単分散球形シリカ（径100, 300 nm）を充てんしたSBRを一方向延伸させながら,2D USAXS・SAXS,ならびに広角X線散乱（wide angle X-ray scattering：WAXS）測定を行い,地球シミュレーターを利用した2次元 Reverse Monte Carlo法（RMC；ゴム中のフィラー凝集構造の変化による異方的な2次元X線散乱パターンからフィラーの3次元構造モデルを構築するシミュレーションや乱数を用いた数値計算を行う手法の総称）を用いて,延伸ゴム中のシリカ粒子の配置（構造因子）の可視化に成功するとともに,大変形下でも,延伸前に存在する強固に連結した隣接粒子どうしはそのまま存在し,粒子間のゴム相が変形することを示唆した.さらに,シンクロトロン放射X線ナノコンピュータ断層撮影法（synchrotron radiation X-ray nano-computed tomography），および有限要素法（finite element method：FEM）を用いたフィラー充てんゴムの解析に関しても顕著な進歩があった.

Chenら[108]はシンクロトロン放射X線ナノコンピュータ断層撮影法を用いて,高空間分解能（100 nm）で,NRマトリックス中の大量のCBの構造と機械試験結果を検討した.図5.9は,負荷時,シンクロトロン放射X線ナノコンピュータ断層撮影法で得られた,ゴム中のCBネットワークの構造変化である.この研究では,ひずみ誘起変形,破壊,およびフィラーネットワークの再構成は,サイクル負荷のもとで直接観察される.機械的試験を組み合わせることに

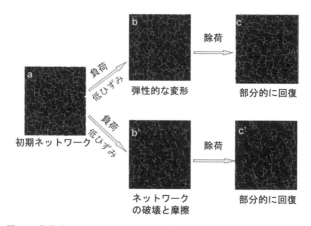

図 5.9 　負荷時，シンクロトロン放射 X 線ナノコンピュータ断層撮影法で得られた，ゴム中の CB ネットワークの構造変化[108]

より，フィラーネットワークの強化および強化効果は，フィラーネットワークの弾性変形，破壊および摩擦の 3 つのメカニズムに定量的に割り当てられることを示唆した．また弾性変形は，主に CB ネットワークの破壊がより大きなひずみで支配的な役割を果たし，ひずみエネルギーが消散されること，ならびに低ひずみではフィラーネットワークとゴムマトリックスの摩擦に由来するエネルギー散逸があることを示唆した．

　放射光等を用いたゴム中のナノフィラーの階層構造に関する上記に紹介した以外の研究成果について，最近の文献も参照されたい．文献 109 は，50 年にわたって各種散乱法の開発と利用に携わってきた著者が，その基礎から応用までをわかりやすく解説した書である．解析法の列挙になってしまうが，要約すれば「光散乱，超小角中性子散乱，集光型超小角中性子散乱，超小角 X 線散乱，小角 X 線散乱，小角中性子散乱などを利用，あるいはそれらを組み合わせて使用することにより，1 nm から数 10 μm にわたる系の内部構造の情報，および外部環境や外部刺激がその構造に与える影響を直接測定・解析できる」ことを強調している．

　次節では，著者らが提案するナノフィラーによるゴムの補強機構についてのさらなる考察を概説する．

5.5　ゴムの補強機構と力学的レオロジーモデルについての試論

4.2節の図4.17(a)で示したようにCB充てん量が40 phr以上で最近接粒子間距離（d_p）が約3 nmに収束することは，CB量を増やしてもCB凝集体どうしが約3 nm以内には近づけないことを意味している．バウンドラバーの中でも特異なこのゴム層をCB／NR相互作用層（CB/NR interaction layer：CNIL）と名づける．CNILはゴム中にCBをランダムに分散させた場合の「最密充てん」状態に相当し，3 nmは最密充てん下でのバウンドラバーの厚みと解釈される．図5.10は，CNILの厚さd_p=3 nmとした場合のCB 10, 20, 40および80試料におけるCNILの3D-TEM像を示す[39~41]．この図では，CNILを見やすくするために，マトリックスゴム，CB粒子およびCB凝集体を黒色にし，CNILのd_p=3 nmは異なる濃淡で示した．なお，CB 20試料におけるCNILのサイズに関しては，AFM位相画像における位相遅れの領域のサイズにほぼ一致する[42]．4.2節の図4.17と図4.19を考慮すると，CB凝集体はCB充てん量（W_{CB}）が20 phrまでの領域で成長し，CBネットワークはW_{CB}が20 phr以上で40 phr

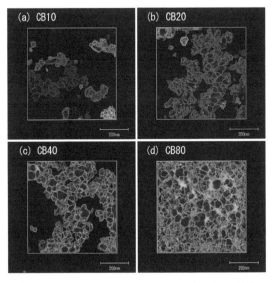

図5.10　CB10, 20, 40, 80のCNILの3次元イメージ[41]

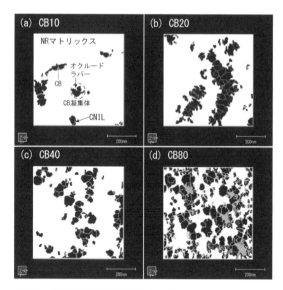

図 5.11 図 5.10 の試料の表面イメージ
無色(白色),明色,暗色はそれぞれ,NRマトリックス,CNIL,および CB 相である[50].

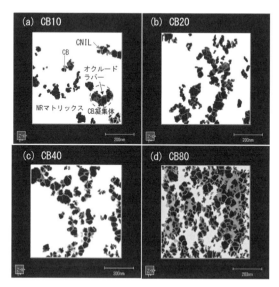

図 5.12 図 5.10 の試料の半分の深さで切断したイメージ
無色(白色),明色,暗色はそれぞれ,NRマトリックス,CNIL,および CB 相である[50].

までの領域で形成されると推定できる．また，図 5.11 および図 5.12 は，それぞれ図 5.10 の試料（直方体）の中央部の表面画像および断面画像を示す．図中，無色（白色），明るい色，暗色の領域はそれぞれゴムマトリックス，CNIL，CB である．CB 凝集体は，CB および CNIL から形成される．また，図 5.11 (a) および図 5.12 (a) に示すように，点線の円で囲まれた CB 集合体の凹部には，貯蔵されたゴム（オクルードラバー，occluded rubber）の存在も考えられる．CB 充てん量が 20 phr 未満である場合，CB 凝集体が局所的に分布し，CB 充てん量が 40 phr より大きい場合に CB 凝集体が CNIL を用いて連結されて CB ネットワークが生成する[30, 40, 50, 110]．

293 K（20℃）における CB 充てん NR 加硫物の貯蔵弾性率（G'）の W_{CB} 依存性を図 5.13 に示す．W_{CB} の増加に伴い，G' は非線形的に増加するため，そのままの状態では解析することはできない．ここで，CB 凝集体の構造に着目した．CB 凝集体は，CB ネットワーク（すなわち，CB および CNIL）およびオクルードラバーから成ると仮定でき，オクルードラバーの存在は CB 凝集体の体積の増加分となる．その場合 0 phr ≦ W_{CB} ≦ 20 phr の領域では，試料が変形すると CB 凝集体と NR マトリックスとの間に流体力学的相互作用が生じる．

図 5.14 (a) に示すように，CB と CNIL の体積を有する CB 凝集体と NR マトリックスゴムとの間に粘性抵抗（摩擦抵抗）が発生する．図 5.14 (b) は，293 K，CB と CNIL の体積分率（ϕ_{CB+i}）0～0.3 の領域における，G' と CB と ϕ_{CB+i} の関

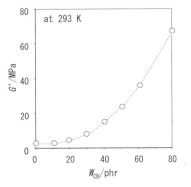

図 5.13　貯蔵弾性率（G'）の，CB 充てん NR 加硫物の W_{CB} 依存性
　　　　点線は見やすくするための線である[41]．

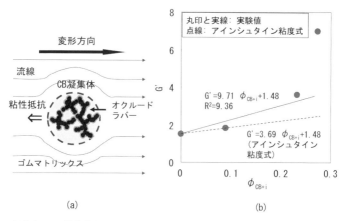

図 5.14 変形時の CB 凝集体と NR マトリックスとの流体力学的相互作用の模式的イメージ (a)，$\phi_{CB+i}=0\sim0.3$ の領域における G' の ϕ_{CB+i} 依存性 (b)[50]

係である．円マーク，実線，点線は実験値，実験データに近似直線をあてはめたもので，アインシュタイン粘度式[111]を用いた近似直線式 (5.2) である．

$$G' = G'_{rubber}(1+2.5\phi_{CB+i}) \tag{5.2}$$

ここで $G'_{rubber}(=1.48\,\mathrm{MPa})$ は，293 K での CB 0（純ゴム架橋体）の貯蔵弾性率実測値であり，アインシュタイン粘度式は，流体力学的相互作用を表す．この依存性は，0 phr ≦ W_{CB} ≦ 20 phr の領域で直線的であるが，30 phr を超える領域で非線形的に急増する．前者が CB 凝集体の流体力学的相互作用と密接に関連し，後者では CB ネットワークの形成が反映している．実線および点線はそれぞれ線形近似線およびアインシュタイン粘度式である．実線と点線の傾きは，それぞれ 9.71 と 3.69 で，これらの勾配比は (9.71/3.69 ≒) 2.38 である．この比はオクルードラバーの体積分率に関連すると考えると，オクルードラバーの体積分率は約 0.580 と推算される[50]．かなり大きな値で過大評価の可能性もあり，今後さらに検討の必要がある．

さらに，CB ネットワークが形成された W_{CB} 領域の 40 phr 以上の CB 充てん加硫 NR の力学的性質を説明する混合則（mixing low）を検討した[40, 41, 110]が，煩雑な代数計算を多用したため，CB ネットワークの機械的特性を十分には説明することができなかった．そこで，CNIL とゴムマトリックスのみに着目した 2 相並列の力学的モデルを考え解析した結果を以下に記述する．ガラス繊維

強化樹脂の機械的性質を推定するためには，構成成分が並列である機械的モデルのような混合則が一般に適用できることはよく知られている[112]．しかし，CB充てんゴム加硫物の TEM 観察結果に基づいて，Medalia[113] は CB 凝集体のアスペクト比（$1/d$）が 1.7～1.9 であることを報告した．また，Halpin ら[114] はナイロン繊維で強化したゴム加硫物の補強効果が $1/d=10$ 以上で発現することを示した．Coran ら[115] と O'Connor[116] はそれぞれセルロース繊維強化エラストマーと，セルロース・アラミド・ナイロン繊維強化エラストマーを用いて同様の結論に至っている．これらの知見は，$1/d$ 値が 10 よりはるかに小さい CB 凝集体がゴムマトリックスに直接強化効果を及ぼすことができないことを示唆している．したがって，CB が直接的にゴムを補強するのではなく，CNIL の存在が補強効果に重要だと仮定できる．言い換えれば，CB 凝集体の周囲に形成された CNIL とゴムマトリックスから成る 2 相力学的モデルによる混合則を適用すれば，CB 充てん加硫 NR の粘弾性的レオロジー挙動を説明することが可能である．

この場合，CB は CNIL の形成に必須ではあるが，CB は機械的特性に直接的に効くのではない．CNIL および NR マトリックス相のこれらの体積分率（ϕ_{ui} および ϕ_i）に関して以下の式が成立する．

$$\phi_{ui} = 100 \left(\frac{V_s - V_i - V_{CB}}{V_s - V_{CB}} \right) \tag{5.3}$$

$$\phi_i = 100 \left(\frac{V_i}{V_s - V_{CB}} \right) \tag{5.4}$$

$$\phi_{ui} + \phi_i = 1 \tag{5.5}$$

G'，G'_{ui}，および G'_i は，それぞれ CB 充てん加硫 NR，NR マトリックスおよび CNIL の弾性率とすると，図 5.15（a）に示すように，2 相並列力学的モデルから式（5.6）が得られる．

$$G' = \phi_{ui} G'_{ui} + \phi_i G'_i \tag{5.6}$$

ここで，G' に注目すると，ゴムマトリックス相と CBNL から応力が発生すると考えられるので，4.2 節の表 4.4 の配合剤（CB，ZnO，ステアリン酸，CBS および S）は G' には寄与しないと仮定すると，厳密にはこれらの体積を排除して，G' を補正すべきである．なお，少量の ZnO，ステアリン酸，CBS および S

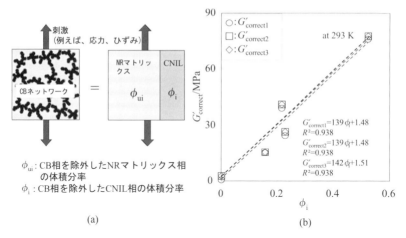

図 5.15 2相(NRマトリックスとCNIL)に対する混合則の平行機械モデル(a)と$\phi_i=0$と$0.156 \leq \phi_i \leq 0.527$ (すなわち, $W_{CB}=0$ と $40 \leq W_{CB} \leq 80$ phr) 領域における $G'_{correct1}$, $G'_{correct2}$, および $G'_{correct3}$ の ϕ_i 依存性 (b)[50]

が加硫で消費されるが,これらの消費量は無視する.具体的には,G' で補正される成分は,CB,(CB+ZnO)および(CB+ZnO+ステアリン酸+CBS+S)で,G' の補正には,これらの成分の体積の 2/3 乗が面積であること利用する.したがって,これらの成分の体積を除外した面積比で補正された $G'_{correct}$ ($G'_{correct1}$, $G'_{correct2}$, $G'_{correct3}$) は式 (5.24〜29) で表記される[50].

$$G'_{correct1} = G'/(S_{NR}/S_{all})_1 \tag{5.7}$$

断面積の比 $(S_{NR}/S_{all})_1$ は以下の通りである.

$$(S_{NR}/S_{all})_1 = (100/\rho_{NR})^{2/3} / \left[\begin{array}{c} (100/\rho_{NR}) + (2/\rho_{St}) + (1/\rho_{ZnO}) \\ + (1/\rho_{CBS}) + (1/\rho_S) + (W_{CB}/\rho_{CB}) \end{array} \right]^{2/3} \tag{5.8}$$

ここで,$\rho_{NR}=0.925$ g/cm^3,$\rho_{St}=0.885$ g/cm^3,$\rho_{ZnO}=5.61$ g/cm^3,$\rho_{CBS}=1.33$ g/cm^3,$\rho_S=2.07$ g/cm^3 および $\rho_{CB}=1.95$ g/cm^3 は,それぞれ NR,ステアリン酸,ZnO,CBS,硫黄および CB の密度である.

$$G'_{correct2} = G'/(S_{NR}/S_{all})_2 \tag{5.9}$$

断面積の比 $(S_{NR}/S_{all})_2$ は以下の通りである.

$$(S_{NR}/S_{all})_1 = (100/\rho_{NR})^{2/3} / [(100/\rho_{NR}) + (1/\rho_{ZnO}) + (W_{CB}/\rho_{CB})]^{2/3} \tag{5.10}$$

さらに，
$$G'_{\text{correct3}} = G'/(S_{\text{NR}}/S_{\text{all}})_3 \quad (5.11)$$
断面積の比 $(S_{\text{NR}}/S_{\text{all}})_2$ は以下の通りである．
$$(S_{\text{NR}}/S_{\text{all}})_3 = (100/\rho_{\text{NR}})^{2/3}/[(100/\rho_{\text{NR}})+(W_{\text{CB}}/\rho_{\text{CB}})]^{2/3} \quad (5.12)$$

図 5.15(b) は，293 K における $\phi_i = 0$ と $0.156 \leq \phi_i \leq 0.527$（すなわち，$W_{\text{CB}} = 0$ と $40 \leq W_{\text{CB}} \leq 80$ phr）の領域における ϕ_i に対する G'_{correct1}，G'_{correct2} および G'_{correct3} の依存性を示す．3つの点線は，$\phi_i = 0$（CB 0）のときの G'_{correct1}，G'_{correct2}，および，G'_{correct3} を通る近似直線である．これらの近似直線は，並列力学的モデルが 40 phr 以上の高 CB 充てん領域に適用可能であることを示している．したがって，$\phi_i = 1$ における G'_{correct1}，G'_{correct2}，および G'_{correct3} から算出した CNIL の貯蔵弾性率（G'_{1i}，G'_{2i}，および G'_{3i}）は，140，141，および 142 MPa である[50]．これらの弾性率は Kato ら[30,40,50,110]が CNIL の体積分率依存性から代数学的に算出した G' の値（$G'_i = 140$ MPa）とほぼ同じである．このことは，CB が直接的には貯蔵弾性率と無関係であることを示唆している．これに関連して，Nakajima ら[85]は原子間力顕微鏡（atomic force microscope：AFM）で測定した CB 表面のバウンドラバーの3層（全層の合計厚さ＝約 10 nm）で，それらの弾性率は CB に近い順で 1 GPa，60 MPa および 8 MPa であることを報告した．このことから，今回，我々が求めた CNIL の弾性率は CB 表面付近の第 1 層から第 2 層の弾性率に相当すると解釈される．

この章では，補強の考え方を歴史的に展望するとともに，前章に示した我々の結果に関連して，3D-TEM 以外の手法によるフィラーのストラクチャー形成の研究も紹介した．それらをもとにして，CB について図 5.5 のスケッチに示すユニークなフィラーネットワークがナノフィラーによるゴム補強の最大要因であることを提案した．このネットワークは，剛体球とその会合体で近似されるナノ粒子の一次および高次アグリゲートが，ゴムへの混練によりバウンドラバーを纏い，さらに凝集して究極のアグロメレートとして CB／NR 相互作用層（CNIL）を媒介したネットワークを形成したものである．このシナリオは CB のみならずシリカやその他多くのナノ粒子にも適用可能と考えられ，ゴムのナノフィラーによる補強機構の本質的な側面が明らかにされたといえる．これに

基づいて物性を解釈する試みとしてレオロジーモデルを提案し，2, 3の検討を行った．

まだ結論するのは尚早かもしれないが，少なくとも以上の結果から，ゴムに対するCBの補強効果は樹脂に対するガラス繊維や炭素繊維の強化効果とは根本的に異なることが示唆される．ナノフィラーによるゴム補強のユニークな特性を確認するために，さらなる検討を期待したい．

第 2 部文献

1) M. Tsuji et al. (1995). *Prog. Polym. Sci.*, **20**, 259.
2) 斉藤　晃 (2015). 顕微鏡, **50**(3), 150.
3) 田中信夫 (2005). 日本結晶学会誌, **47**, 20.
4) O. Scherzer (1949). *J. Appl. Phys.*, **20**, 20.
5) P. J. Goodhew 著, 菊田惺志ら訳 (1981). 電子顕微鏡使用方法, 共立出版, 東京.
6) 日本表面科学会編 (1999). 透過型電子顕微鏡, 丸善, 東京, pp. 8-32.
7) J. Frank ed. (1992). *Electron Tomography : Three-Dimensional Imaging with the Transmission Electron Microscope*, Plenum Press, New York, London.
8) J. R. Kremer et al. (1996). *J. Struct. Biol.*, **116**, 71.
9) 及川哲夫ら (2007). まてりあ, **46**, 789.
10) 木村耕輔ら (2007). まてりあ, **46**, 792.
11) 田中将己ら (2010). 顕微鏡, **45**(2), 103.
12) 加藤　淳ら (2007). 三次元透過型電子顕微鏡―ネットワークナノ構造の三次元可視化, 高分子分析技術最前線, 高分子先端材料 One Point 別巻, 高分子学会編, 共立出版, 東京, 第 1 章.
13) S. Kohjiya et al. (2008). *Prog. Polym. Sci.*, **33**, 979.
14) 金子賢治ら (2010). 顕微鏡, **45**(2), 109.
15) 倉田博基 (1997). 日本結晶学会誌, **39**, 416.
16) N. Kawase et al. (2007). *Ultramicroscopy*, **107**, 8.
17) J. Tong et al. (2006). *J. Struct. Biol.*, **153**, 55.
18) R. A. Crowther et al. (1970). *Proc. R. Soc. Lond.*, **317**, 319.
19) M. Radenmacher (1988). *J. Electron Microsc. Tech.*, **9**, 359.
20) D. Stalling et al. (2005). Amira : a highly interactive system for visual data analysis, in *The visualization handbook*, C. D. Hansen et al. eds., Academic Press, San Diego, Ch. 38.
21) H. Jinnai et al. (2007). *Macromolecules*, **40**, 6758.
22) 池田裕子ら (2016). ゴム科学―その現代的アプローチ―, 朝倉書店, 東京.
23) 辻　正樹ら (1997). 日本レオロジー学会誌, **25**, 235.
24) Y. Ikeda et al. (2004). *Macromol. Rapid Commun.*, **25**, 1186.
25) 加藤　淳ら (2005). 日本ゴム協会誌, **78**, 180.
26) S. Kohjiya et al. (2005). *Polymer*, **46**, 4440.
27) A. Kato et al. (2007). *Rubber Chem. Technol.*, **80**, 690.
28) 加藤　淳ら (2014). 日本ゴム協会誌, **87**, 203.
29) 加藤　淳 (2014). 高分子, **63**, 632.
30) A. Kato et al. (2014). *Study on Polymeric Nano-composites by 3D-TEM and related Techniques*, in *Characterization Tools for Nanoscience & Nanotechnology*, C. S. S. R. Kumar ed., Springer, Berlin, Ch. 4.
31) 加藤　淳ら (2014). 日本ゴム協会誌, **87**, 351.
32) A. Kato et al. (2014). *Hydrophilic and hydrophobic silica-filled cross-linked natural rubber: Structure and properties*, in *Chemistry, Manufacture and Applications of Natural Rubber*, S. Kohjiya et al. eds., Woodhead/Elsevier, Cambridge, Ch. 7.

33) A. Kato et al.（2016）. *Manufacturing and Structure of Rubber Nanocomposites,* in *Progress in Rubber Nanocomposites*, S. Thomas et al. eds., Woodhead/Elsevier, Amsterdam, Ch. 12.
34) A. Kato et al.（2008）. *J. Opt. Soc. Am. B*, **25**, 1602.
35) A. Kato et al.（2013）. *J. Appl. Polym. Sci.*, **130**, 2594.
36) S. Kohjiya et al.（2006）. *Polymer*, **47**, 3298.
37) S. Kohjiya et al.（2005）. *J. Mater. Sci.*, **40**, 2553.
38) A. Kato et al.（2006）. *Rubber Chem. Technol.*, **79**, 653.
39) 鞠谷信三ら（2005）. 高分子論文集, **62**, 467.
40) A. Kato et al.（2012）. *Carbon Black-Filled Natural Rubber Composites：Physical Chemistry and Reinforcing Mechanism*, in *Polymer Composites volume 1：Macro- and Microcomposites*, S. Thomas et al. eds., WILEY-VCH, Weinheim, Ch. 17.
41) A. Kato et al.（2013）. *Colloid Polym. Sci.*, **291**, 2101.
42) T. Nishi（1974）. *J. Polym. Sci : Polym. Phys.* Ed., **12**, 685.
43) J. O'Brien et al.（1976）. *Macromolecules*, **9**, 653.
44) 加藤　淳ら（2006）. 高分子, **55**, 616.
45) Y. Ikeda et al.（2007）. *Rubber Chem. Technol.*, **80**, 251.
46) S. Kohjiya et al.（2008）. *Visualization of nano-filler dispersion and morphology in rubbery matrix by 3D-TEM*, in *Current Topics in ELASTOMERS RESEARCH*, A. K. Bhowmick ed., CRC Press, Boca Raton, Ch. 19.
47) A. Charlesby（1953）. *J. Polym. Sci.*, **11**, 513.
48) A. Charlesby（1954）. *Proc. R. Soc.*, **A222**, 542.
49) A. Charlesby（1954）. *J. Polym. Sci.*, **14**, 547.
50) A. Kato et al.（2017）. *Polym. -Plast. Technol. Eng.*, **57**, 1418.
51) A. J. Koster et al.（2000）. *J. Phys. Chem. B*, **104**, 9368.
52) A. J. Koster（2000）. *Stud. Surf. Sci. Catal.*, **130**, 329.
53) 田中信夫（2003）. 顕微鏡, **39**(1), 26.
54) 陣内浩司ら（2005）. 高分子論文集, **62**, 488.
55) 陣内浩司（2008）. 粉砕, **51**, 50.
56) P. A. Midgley et al.（2006）. *J. Microscopy*, **223**, 185.
57) H. Nishioka et al.（2006）. *J. Comps. Interf.*, **13**, 589.
58) I. Arslan et al.（2006）. *Ultramicroscopy*, **106**, 994.
59) W. Sinkler et al.（2006）. *Microsc. Microanal.*, **12**, 52.
60) O. Ersen et al.（2007）. *Nano Lett.*, **7**, 1898.
61) M. Moreaud et al.（2009）. *Image Anal. Stereol.*, **28**, 187.
62) 大原　智ら（2010）. 粉砕, **53**, 15.
63) K. Sato et al.（2010）. *J. Appl. Phys.*, **107**. 024304.
64) S. Bals et al.（2013）. *Curr. Opin. Solid State Mater. Sci.* **17**, 107.
65) A. Bescond et al.（2014）. *Aerosol Sci. Technol.*, **48**, 831.
66) J. Bai et al.（2014）. *J. Mater. Res.*, **29**, 1817.
67) A. Das et al.（2014）. *RSC Adv.*, **4**, 9300.
68) B. Natarajan et al.（2015）. *ACS Nano*, **9**, 6050.
69) W. Guan et al.（2016）. *Nat. Commun.*, **7**, 11811.
70) O. Orhan et al.（2016）. *Tribology International*, **14**, 272.

71) C. C. Davis et al. eds.（1937）. *The Chemistry and Technology of Rubber*, Reinhold Publishing Corp., New York.
72) N. A. Shepard et al.（1937）. Fillers and Reinforcing Agents, in *Ref. 71*, Ch. 11, pp. 380-413.
73) G. Kraus ed.（1965）. *Reinforcement of Elastomers*, Interscience Publishers, New York.［残念なことにこの書の翻訳本は出版されなかったが，今なお必読の書である．］
74) A. R. Payne（1965）. Dynamic Properties of Filler-Loaded Rubbers, in *Ref. 73*, Ch. 3.
75) 古川淳二（1957）．日本ゴム協会誌，**30**，1014.
76) F. Bueche（1960）. *J. Appl. Polym. Sci.*, **4**, 107.
77) F. Bueche（1962）. *Physical Properties of Polymers*, Interscience, New York.［翻訳本が出版されている：ビュッケ著，村上謙吉ら訳（1970）．「ビュッケ 高分子の物性」，朝倉書店，東京］
78) F. Bueche（1965）. Network Theories of Reinforcement, in *Ref. 73*, Ch. 1.
79) G. Kraus（1965）. *Rubber Chem. Technol.*, **38**, 1070.
80) G. Kraus（1965）. Interactions between Elastomers and Reinforcing Fillers, in *Ref. 73*, Ch. 4.
81) W. F. Watson（1965）. Chemical Interaction of Fillers and Rubbers during Cold Milling, in *Ref. 73*, Ch. 8.
82) M. L. Studebaker(1965). Compounding with Carbon Black, in *Ref. 73*, Ch. 12.
83) S. Kaufman et al.（1971）. *J. Polym. Sci., Part A-2 : Polym. Phys.*, **9**, 829.
84) P. J. Dionne et al.（2006）. *Macromolecules*, **39**, 3089.
85) K. Nakajima et al.（2008）. *Recent Developments in Rubber Research using Atomic Force Microscopy*, in *Current Topics in Elastomers Research*, A. K. Bhowmic ed., CRC Press, Boca Raton, Ch. 21.
86) 藤本邦彦（1964）．日本ゴム協会誌，**37**，602.
87) S. Fujiwara et al.（1971）. *Rubber Chem. Technol.*, **44**(5), 1273.
88) 石川泰弘ら（1996）．日本ゴム協会誌，**69**，716.
89) G. Heinrich et al.（2002）. *Curr. Opin. Solid State Mater. Sci.*, **6**, 195.
90) G. Heinrich et al.（2002）. *Adv. Polym. Sci.*, **160**, 1.
91) M. Krüppel（2003）. *Adv. Polym. Sci.*, **164**, 1.
92) ド・ジャン著，高野 宏ら訳（1984）．高分子の物理学—スケーリングを中心にして—，吉岡書店，京都．
93) 参考書として次の書が勧められる：田中文彦（2013）．高分子系のソフトマター物理学（新物理学シリーズ 42），陪風館，東京．
94) B. B. Mandelbrot（1977）. *Fractals : Form, Chance and Dimension*, W. H. Freeman and Company, San Francisco.
95) 日本でフラクタル流行の口火を切ったのは，高安氏の名古屋大学での博士論文となった次の書である：高安秀樹（1986）．フラクタル，朝倉書店，東京．
96) D. J. Kohls et al.（2002）. *Curr. Opin. Solid State Mater. Sci.*, **6**, 183.
97) M. Gerspacher et al.（2002）. *KGK, Kautsch. Gummi Kunst.*, **55**, 596.
98) Y. Ikeda et al.（2017）. *Rubber Science : A Modern Approach*, Springer, Singapore.
99) R. H. Norman（1970）. *Conductive Rubbers and Plastics*, Appl. Sci. Publishers, London, Ch. 4.
100) B. Bhushan et al.（1984）. *ASLE Trans.*, **27**, 33.

101) V. E. Gul (1996). *Structure and Properties of Conducting Polymer Composites*, VSP BV, The Netherlands, Utrecht, Ch. 1.
102) A. L. Gal et al. (2005). *J. Chem. Phys.*, **123**, 014704.
103) V. M. Litvinov et al. (2011). *Macromolecules*, **44**, 4887.
104) 雨宮慶幸ら (2006). 放射光, **19**, 338.
105) T. Koga et al. (2008). *Macromolecules*. **41**, 453.
106) K. Hagita et al. (2007). *J. Phys. : Condens. Matter*, **19**, 330017.
107) K. Hagita et al. (2008). *Rheol. Acta*, **47**. 537.
108) L. Chen et al. (2015). *Macromolecules*, **48**, 7923.
109) 橋本竹治 (2017). X線・光・中性子散乱の原理と応用, 講談社, 東京, 第14章.
110) 加藤 淳ら (2015). 日本ゴム協会誌, **88**, 3.
111) A. Einstein (1911). *Ann. Phys.*, **34**, 591.
112) A. G. Facca et al. (2006). *Compos. Part A：Appl. Sci. Manuf.*, **37**, 1660.
113) A. I. Medalia (1972). *Rubber Chem. Technol.*, **45**, 1171.
114) J. C. Halpin et al. (1972). *J. Appl. Phys.*, **43**, 2235.
115) A. Y. Coran et al. (1974). *Rubber Chem. Technol.*, **47**, 396.
116) J. E. O'Connor (1977). *Rubber Chem. Technol.*, **50**, 945.

ゴムの非カーボン補強

6 シリカ補強ゴム
7 リグニン補強ゴム
8 天然ゴムにおける自己補強性:テンプレート結晶化

6

シリカ補強ゴム

6.1 ゴム用シリカ粒子利用の変遷

6.1.1 ゴム用湿式法シリカ

架橋ゴムの物性は，適切なナノフィラーを加えることにより，著しく向上させることができることから，ナノフィラー充てんは多くの技術的応用にとって最重要課題の一つである[1~6]．ナノフィラーの中でもカーボンブラック（CB）は，1900 年初期にゴム工業に使われ始め（1.2 節と 2.3.1 項参照），自動車の増産とともにタイヤ用として消費量が増大していった．約 40 年遅れてシリカもゴムに使われ始めたが[2]，ゴムにシリカを充てんしても力学的性質が低下する場合があって，もともとは補強性充てん剤として使われたのではなかった．CBに比べて加工性が悪く，均一に分散させることが困難で補強性が十分には発揮されなかったこと，およびシリカ表面に加硫試薬が吸着されて加硫反応の効率が低下したことから，ゴム用としての利用と用途は広がらなかった．

これらゴムにシリカを用いることの加工上の難点は，CB に比べてシリカ表面に存在する化学反応性基の量が多く，シリカ−シリカ間の相互作用がシリカ−ゴム間のそれより強いことによって凝集し，微細分散させるのが困難であることによると考えられてきた．しかし今や，シリカはエコタイヤ製造に欠かすことのできない重要なフィラーの一つとなっている．シリカ表面のシラノール基の存在は，化学修飾による表面の化学改質が CB よりも容易であるから有利な点にもなり，その応用例と目されるシランカップリング剤は広くゴム材料製造に使われるようになった．ミシュランが 1993 年に発表したグリーンタイヤはそうしたシリカの利用によるもので，この出現によりシリカが CB と並んで補強

性ナノフィラーの一角を占めるきっかけとなったので,この点を少し詳しく述べる.

シリカが,CBに匹敵する物性を示す補強充てん剤として確立に至るまでには,当然のことながらいくつかのブレイクスルーがあった.最初のブレイクスルーは,1970年代にWolffによって成された.それは,シランカップリング剤であるビス(トリエトキシシリルプロピル)テトラスルフィド(bis (triethoxy-silylpropyl) tetrasulfide:TESPT)の利用であった[7,8].この新規カップリング試薬は,親水性シリカ表面と疎水性ゴム相との相互作用を増大させ[9],さらに硫黄の存在によって加硫反応に直接的に関与している.これにより,大きな凝集体へのストラクチャー形成を最小限に留め,結果としてタイヤにおける最も大きな関心事であった「シリカ配合ゴムのヒステリシス損失をいかに減少させるか」という課題への答えとなり,ゴム工業で広く使用される条件を作り出したのである.3.2.3項で言及したCBとシリカの併用系は,高性能化に向けた簡便な手法として,広く普及している可能性がある.ただし,シリカの使用におけるシランカップリング剤の添加は,CB系よりコスト高になる場合が多く,この問題点は今も残された課題である.

第1のブレイクスルーと重なってではあるが,第2のブレイクスルーは1990年代のRaulineによる特許である[10].それはTESPT技術の発展系で,湿式法シリカを用いてCBに匹敵する補強性の発現を可能としたものである.この特許内容はグリーンタイヤの基本概念となり,転がり抵抗(rolling resistance)を減少させ,燃費向上につながった.結果として,ゴム用の補強充てん剤としてシリカの消費量が増大し,シリカ充てん系ゴム技術に大きな発展がもたらされた.しかし,ゴムへのシリカ充てんには混練中における「シリカの分散性改善」と「機械的混練時のエネルギー消費低減」などいくつかの課題が今も残されている.これらの課題を解決する方策の一つとして,シリカ表面とゴム相との相互作用を増加させ,かつゴム相への機械的混合を避けるために,ゾル-ゲル反応[11]を利用したソフトプロセス[12]によりシリカ微粒子を導入する方法が提案された[13~15].つまり,ゴムマトリックスへの *in situ* シリカ充てん法の開発である[8,12,14~26].

6.1.2 ゾル-ゲル法による *in situ* シリカ充てんの始まり

シリコーンゴムマトリックス中でシリカを生成させる系で，かなりの補強充てん効果があることが，1980年代にMarkによって見出された[13]．それは，液体であるテトラエトキシシラン（tetraethyl orthosilicate：TEOS）のシリコーンゴムマトリックス中でのゾル-ゲル法によるシリカ微粒子充てん法であった．その場でシリカが生成することから，「*in situ* シリカ」と命名された．TEOS膨潤ゴム中でTEOSの塩基性条件下での加水分解と重縮合が起こりシリカ粒子生成に至る．その反応過程を図6.1に示す．この化学反応は，低温で無機ガラスを生成させる新規技術であって反応そのものはすでに知られていたが[11]，ジエン系ゴムへの展開によって，単なるゴム分野への応用に留まらず伝統的なゴム加工に新規技術をもたらす可能性を示唆する結果となりつつある[5, 6, 14, 15, 26]．しかしながら，シラン化合物の高価格もあって，ゴム配合物としての新しい加工性の確立と本格的な実用化への途は，さらなる技術革新が必要となっている．一方で，*in situ* シリカ充てんはユニークな特徴を有しており，今なお学術的研究は活発に行われている．ソフトプロセスとして，従来の固相系での機械的加工に代わるゴムの液相系での新規加工プロセスへの期待があり，またフィラー充てん補強のメカニズムを理解するうえでも有用な知見が得られるからである．以下，6.2節でその代表的な研究例を紹介する．

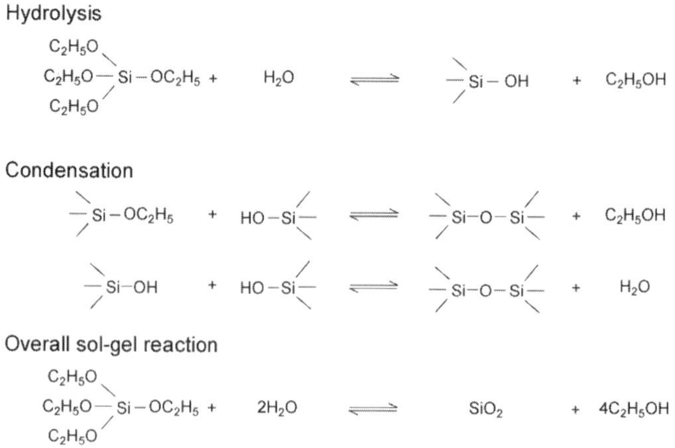

Hydrolysis

$$C_2H_5O-Si(OC_2H_5)_3 + H_2O \rightleftharpoons Si-OH + C_2H_5OH$$

Condensation

$$Si-OC_2H_5 + HO-Si \rightleftharpoons Si-O-Si + C_2H_5OH$$

$$Si-OH + HO-Si \rightleftharpoons Si-O-Si + H_2O$$

Overall sol-gel reaction

$$Si(OC_2H_5)_4 + 2H_2O \rightleftharpoons SiO_2 + 4C_2H_5OH$$

図6.1 テトラエトキシシラン（TEOS）のゾル-ゲル反応によるシリカ生成

6.2 *in situ* シリカ補強

6.2.1 ジエン系ゴム網目系で生成，分散されたシリカ粒子

Markら[13]の開発した，TEOSで膨潤したシリコーンゴム網目中でのゾル-ゲル反応によるシリカ充てんの手法が，Kohjiyaらによって多くのジエン系ゴムに適用された．すなわち，SBR[8,14~17]，アクリロニトリルブタジエンゴム（acrylonitrile butadiene rubber：NBR）[18,19]，BR[20~22]，エポキシ化天然ゴム（epoxidized natural rubber：ENR）[23,24]，イソプレンゴム（IR）[25]などの汎用のジエン系架橋ゴムで実施可能であることが実証され，それらをまとめた総説もある[15,26]．これらの研究は，ゴム関係者の間で世界的な注目を集め，1990年代後半から，関連論文数は増加の一途をたどってきた．多くのジエン系ゴム網目をマトリックスとして，溶液系でのゾル-ゲル反応により，ナノメートルサイズのシリカ粒子を架橋ゴム中に分散性よく生成できたからである．

多くのフィラー充てんゴム材料は機械的な混練法により作製されているため，ゴムマトリックス中でフィラーは凝集しており，変形に伴うモルフォロジー変化はフィラー凝集体の変化を追跡することになる．しかし，フィラー凝集体構造は一定でなく，その大きさに分布があるため解析は容易ではなかった．また，補強性フィラーを充てんすることによりゴム材料はその物性を大幅に向上させるので，フィラー充てんゴム架橋体の変形に伴うフィラーのモルフォロジー変化を明らかにすることが重要となる．この点に着目して進めた上記の一連の研究結果は，実験的手法に加えたモルフォロジーの考察によりその挙動を明らかにする成果となってきた[5,6,8,14~27]．

TEOSで膨潤させた網目の中で生成するシリカの大きさは，当然のことながら膨潤度により変化することが報告され[15,20]，また，シランカップリング剤の併用でサイズはさらに小さくなって，補強性の高い *in situ* シリカを生成させること[8,19]も可能であった．したがって，ゴム網目の中で均一分散したシリカフィラーの特徴を明らかにするうえで非常に有用なモデル試料系となった．従来の2次元TEM（図6.2；第2部に述べた3D-TEMではない）で観察された平均の粒子径が約34 nmの *in situ* シリカを22重量部（phr）含むパーオキサイド架橋

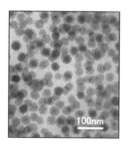

図 6.2　*in situ* シリカ充てん IR 架橋体の TEM 写真[25]

IR の例で説明する[25].

試料のシンクロトロン放射光引張試験同時小角 X 線散乱 (SAXS) 測定により，100 mm/min の変形速度下における均一分散したシリカ粒子のモルフォロジー変化を調べた．X 線の波長は 0.15 nm，照射時間は 50 ミリ秒，カメラ長は約 3 m である．検出器には CCD カメラを用い，伸長および収縮過程において伸長比 α=0.5 ごとに測定された．未伸長および伸長状態における 2 次元小角 X 線散乱 (2D-SAXS) パターンを応力-伸長比曲線とともに図 6.3 に示す．また，パターンより予測した *in situ* シリカのモルフォロジー変化を図 6.4 に示した．図 6.4 の下段は各伸長比から伸長させたときにシリカ粒子がどのように動くか

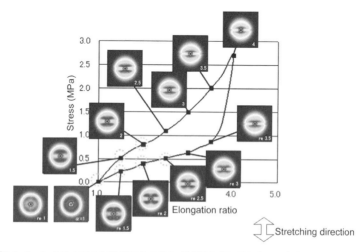

図 6.3　*in situ* シリカ充てん IR 架橋体の応力-伸長比曲線に対応する 2 次元 SAXS パターン[25]

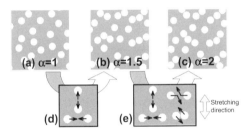

図 6.4 伸長に伴う *in situ* シリカのモルフォロジー変化を示す模式図[25]

を模式的に表したものである．未伸長状態では，シリカの一次粒子が IR マトリックス中にランダムに分散していることを示す等方性リングパターンが検出された．$\alpha=1.5$ に伸長させるとパターンは異方性となり，伸長方向に散乱強度が大きくなった．これは，図 6.4(b) のようにシリカ粒子が伸長軸方向にその粒子間距離を広げ，伸長に垂直な方向（赤道方向）には距離を縮めたことを示唆する．$\alpha=2$ では，4 点スポット状の散乱パターンが認められた．これは Rharbi らのナノコンポジットに関する報告[28]でコンピュータシミュレーションを用いて得られた 2 次元画像とよく一致した．したがって彼らの仮定から推測すると，図 6.4(c) および (e) に示したように $\alpha=2$ においては，伸長により生じた赤道方向の圧縮応力によりシリカ粒子が赤道方向にその距離を縮めるがぶつかることなく，斜めに並んだ構造（座屈構造）を形成したと考えられる．原子間力顕微鏡観察はこの考察を支持した．その後さらに伸長させると，4 点スポットのピークトップは小角側へシフトし，$\alpha=2.5$ で本実験の検出範囲を超えた．

収縮過程においては $\alpha=2.5$ から 4 点スポット状散乱が伸長過程よりも明確に検出でき，シリカ粒子の座屈構造が伸長過程よりも規則正しく形成されたことが示唆された．この過程では，収縮に伴いシリカ粒子間距離は減少していった．$\alpha=1$ まで収縮すると，2D-SAXS パターンはリング状散乱と 4 点スポットが混ざったパターンが認められ，収縮直後には異方性の構造が残っていることがわかった．また，シリカ粒子のモルフォロジー変化が，試料全体のマクロなひずみに比例して変形していることも見出された．汎用の混練により作製するフィラー充てんゴム架橋体の変形では，フィラーの凝集構造が大きいため超小角 X 線散乱測定を行う必要があるが，雨宮らの結果[29]は，凝集したフィラーが

上述の in situ シリカと同様の挙動を示している．

6.2.2 混練可能な in situ シリカ含有ゴム

in situ シリカの実用化を考えると，最終製品であるゴム架橋体の膨潤条件下でのシリカ形成の利用には，ゴム製品の大きさ，特に厚みの点で限界がある．製品製造の点からは従来通りに，素練・混練・熱プレスを経て網目形成に至り，さまざまな形や大きさのフィラー充てん架橋ゴムを作ることが望ましいからである．したがって，in situ シリカを含有するゴム配合物を作製し，その配合ゴムを従来の加工プロセスに乗せることができれば，ゾル-ゲル反応による in situ シリカ充てん法の応用展開は大きく広がる可能性がある．この技術は，最初，未架橋天然ゴム（NR）でのゾル-ゲル反応により可能となった[30]．ゴム中での in situ シリカの作製とその構造と物性については第 2 部で 3D-TEM 測定の解説があり，シリカ系については 4.2 節を参照されたい．例えば，n-ブチルアミンを触媒とする系では条件を整えると約 50 phr までの in situ シリカを導入できる[31]．TEOS で膨潤させた未架橋ゴムマトリックス中でゾル-ゲル反応を行い，部分的にはゴム分子を取り込むかたちでシリカ粒子が生成して高補強性が達成されたと解釈できる．

さらに，ゴムへの in situ シリカ充てん法の実用化には，フィラー含量を制御できることが必須となるが，その課題は，ゾル-ゲル反応の触媒に n-オクチルアミンなどの長鎖アルキルアミンを用いることで解決できることを報告した[32,33]．未架橋の NR 中に 70～80 phr の粒径の揃った in situ シリカ粒子が生成でき，NR／シリカ配合物が得られる．

これは，図 6.5 に示すように，TEOS 中で長鎖アルキルアミンが逆ミセルを作り，その中でゾル-ゲル反応が進行するからである．この方法では，n-ブチルアミン触媒系より短時間にシリカを生成させることもできることから，さらに実用化には有用となる．したがって，シリカ含量の変量には，in situ シリカを高含量で含む配合物に純ゴムを所定量混合するだけで可能となる．逆ミセル中でシリカ粒子が生成するので，図 6.6 に示すように in situ シリカの粒径が揃っていることも特徴である．力学物性については，一例として，in situ シリカ含量 77 phr のパーオキサイド架橋体に関する応力-ひずみ曲線を図 6.7[34] に

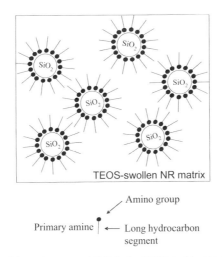

図 6.5　第一級長鎖アルキルアミン水溶液中での TEOS のゾル-ゲル反応の推定図[33]

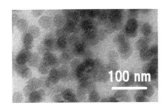

図 6.6　TEOS で膨潤した未架橋 NR を 0.096 mol/L の n-ヘキシルアミン水溶液中で 24 時間ゾル-ゲル反応を行った in situ シリカの TEM 写真[33]

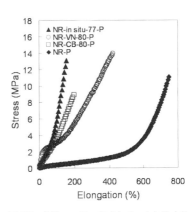

図 6.7　各種フィラー充てんパーオキサイド架橋 NR の応力-ひずみ曲線[34]

示す．1 phr の DCP を混練し，155℃ で 30 分間熱プレスして作製した架橋体（NR-in situ-77-P）である．その結果，80 phr の CB や VN-3 シリカ充てんパーオキサイド NR 架橋体と比較して，伸長初期のモジュラスの急激な上昇はなく，伸び 100% 付近からモジュラスが急激に大きくなって CB 充てんパーオキサイド架橋 NR（NR-CB-80-P）よりも強い引張り物性を示すことがわかった．この in situ シリカは，まさにホワイトカーボンと呼べる補強効果を示した．ヒス

テリシスロスも小さく,残留ひずみも少ない試料であり,ペイン効果が小さいことも明らかになっている.汎用シリカ粒子の混練では得られないフィラーモルフォロジーの特性化をするうえで,有用な試料作製法となっている[26, 35].

6.2.3 ラテックス中での *in situ* シリカ生成とフィラーネットワーク化

in situ シリカをゴムのラテックス中で生成させる方法は,1996年に吉海らによって行われ,*in situ* シリカの高補強性が報告されている[36].塩基性条件下で安定に保存されるSBRラテックスやNRラテックスは,塩基触媒でゾル-ゲル反応する *in situ* シリカ生成に適した反応場となっている.この点を利用して,Tohsanらは,これまで選択的に形成させることが困難であったフィラーネットワークのみを有するNR系ナノコンポジットを作製した[37].NRラテックス中のゴム粒子の周りに位置選択的に生成した *in situ* シリカは乾燥フィルム中でネットワークを形成し,10 phrという少量のシリカ含量にもかかわらず,高い補強性を示した.図6.8(a) にそのTEM写真を示す[37].さらに興味深いことに,この試料の伸長結晶化(SIC)の研究ではじめて,ステップワイズで起こるSIC挙動が見出された(図6.8(b))[38].図6.9に示すように,フィラーネットワークが壊れるまで応力はシリカに担われるためにSICはあまり進行せず,フィラーネットワークが壊れるとSICが加速されること,ゴム粒子の大きさに分布があるため段階的なSIC挙動となることがわかっている.シリカフィラーネットワークが動的粘弾性におけるゴム状平たん部を広げるはたらきがあるこ

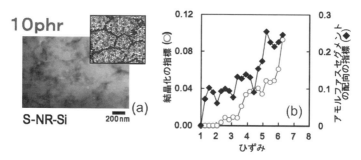

図6.8 NRラテックス中で生成した *in situ* シリカフィラーネットワーク
(a) TEM写真,(b) ステップワイズなSIC挙動[34), 38].

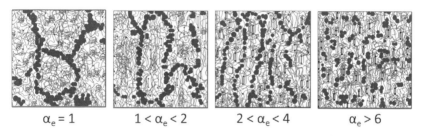

図 6.9 シリカフィラーネットワークの変形挙動の模式図[38]

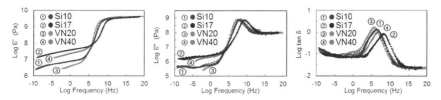

図 6.10 シリカフィラーネットワークが及ぼす動的粘弾性挙動
Si10 と Si17 は,*in situ* シリカ充てんパーオキシド架橋 NR,VN-20 と VN-40 は VN-3 シリカ充てんパーオキシド架橋 NR.数字はシリカ含量を phr で示す[39].

とも示された(図 6.10)[39].これらは,*in situ* シリカが生成したラテックスをキャストする方法ではじめて得られた試料の特性化により見出された特徴である.この手法は液体状態で混合と反応が実施される製造プロセスであり,ゴム化学における「ソフトプロセス」の実例として多くの注目を集めた[6,12,37~39].次章の 7.2 節ではリグニンを用いたソフトプロセスが紹介されている.

ゴム用の補強性フィラーとしてのシリカ粒子は,その粒径が一般的に CB よりも小さく,表面の化学修飾が CB よりも容易であり,今世紀における低炭素のトレンド[40]もあって潜在的には CB を上回る可能性を有している.20 世紀に眠っていたそれらの可能性が,ようやく現実のものとなりつつある.4.2 節でシリカ分散の 3D-TEM による解析について解説したので,そちらも併せてお読みいただきたい.タイヤ用としても,ここで触れた「グリーンタイヤ」のほかにも CB と混合して用いられる例も増加しつつある.当然,タイヤ業界へのシリカの利用も最大の関心事である.例えば,シランカップリング剤添加シリカ／CB 混合充てん系では,ウェット路面での制動性能に関連した 0℃ の tan δ を保

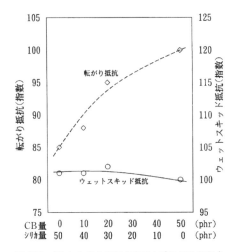

図 6.11 CB とシリカの混合充てん系における配合比率と転がり抵抗,およびウェットスキッド抵抗の関係[41]

ちつつ,転がり抵抗に関連した 50℃ の $\tan\delta$ を低減することができる.図 6.11 に,CB とシリカの配合比率を変えたときの転がり抵抗とウェット路面での制動性能の結果を示す(3.2.3 項および文献 5 の 5.4.3 項などを参照).21 世紀を通じて,ゴムにおけるシリカの利用は増加傾向を維持すると予想される.その基礎となるシリカの科学的研究のさらなる活性化が望まれるところである.

7

リグニン補強ゴム

7.1 リグニンへの期待

　リグニンはアモルファスな天然高分子で，存在量としては結晶性のセルロースに次ぐバイオマスである[42]．一般的な樹木の場合，その15〜25重量％程度をリグニンが占めているから，世界的に見てその量は莫大なものになる．セルロースが古くから有効に利用されてきたのと対照的に，リグニンの有効利用はいまだ「緒に就いた段階」にも至っておらず，副産物としてリグニンを排出するパルプ工業界では今なお世界的な課題とされている．天然資源の有効利用の立場からは，極めて初歩的な段階に留まっているというべきであろう．ゴム用フィラーとして過去に試行があったが，本格的な工業化はまだ実現していない[43,44]．

　リグニンは樹木中でセルロース間を埋めていて，機械的なストレスから樹を守っている．鉄筋コンクリートでいえば，鉄がセルロースで，リグニンはコンクリート部分にあたる．さらに，生物学的な機能に対するストレスを緩和するともいわれていて，植物の種類などによりその構造と含量も変化する．パルプ製造時のプロセスにおいて副生成物として得られるリグニンは，分解など複雑な反応の産物であり，構造はプロセスごとに異なっている．概念的ではあるが，その構造の一例および構成単位の主たる化学構造式として提案されている例を図7.1に示す[45]．工業原料としてただ1つの植物種（ヘベア・ブラジリエンシス）から採取されている天然ゴム（NR）との大きな相違点が，ここにある．すなわち，自然界における多様な植物種による違いや，工業的に入手可能なものについては製造加工方法による違いなどが，リグニン応用展開が困難である要因だと著者は考えている．したがって，古くから「新しい材料」としてのリグ

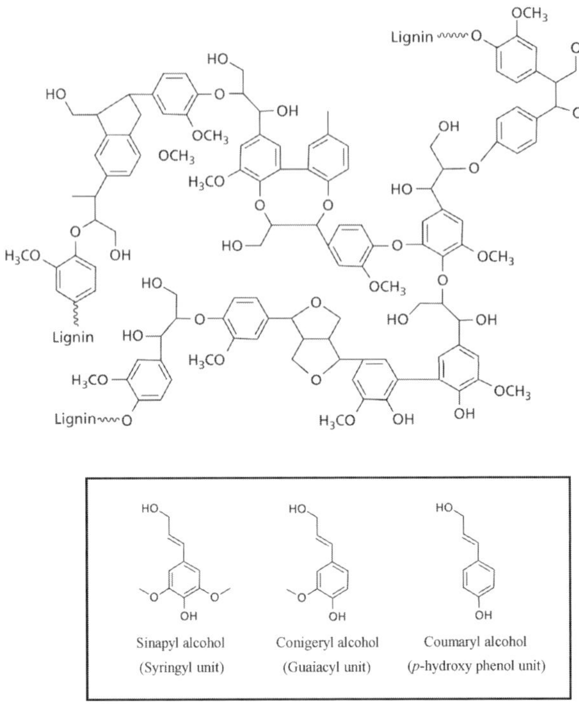

図 7.1 リグニンの基本構造の一例
下の黒枠の中の図は，その基本骨格となるモノマー単位を示す[45]．

ニンの応用展開が試みられてきたが（ゴム用フィラーもその一つであった），理論と実用との差，つまり技術的に可能なことと経済的に成しうることの隔たりが大きいままに推移してきたと考えられる[46~48]．例えば，クラフトリグニンとソーダリグニンの炭素繊維やポリウレタンやフェノールホルムアルデヒド樹脂や接着剤への応用は数十年に及ぶ研究にもかかわらず，まだ商業的に実用化可能な技術の開発は成功していない[49,50]．

このような困難を抱えつつではあるが，低炭素化社会[40]の実現に向けて植物から採取されるバイオマスの有効利用は我々人類にとって，いまや必須の課題となっている．リグニンの実用化技術の確立はその一つで，特に重点的課題として注目を集め，日本をはじめ，世界各国でこの研究開発が活発化している．例えば，ゴムとリグニンとのコンポジット化に関する研究と特許等に限って調

査すると，図 7.2 に示す通り 1990 年から 2018 年 4 月 11 日までの約 28 年間における論文・特許・その他の合計が 572 件であり，近年は特許出願が大幅に増えている[51]．リグニンそのものの構造や物理的性質，化学的性質などの基礎知識も不足している状況にあり[49,50,52]，開発課題は

(1) 植物からリグニンの分離プロセス
(2) リグニンの分解と新規物質への変換
(3) 天然高分子リグニンそのものの応用開発

など多岐にわたる．それらの詳細に関しては，文献[42~44,49,50,52~54] を参照されたい．

ゴム材料科学の観点からリグニンを見ると，その応用は 20 世紀中頃から始まっている．汎用の補強性フィラーである CB の代替として研究開発が行われてきた．しかし多くの場合，十分に実用化可能なレベルまで至らず，リグニンが有効なゴムの補強充てん剤として機能するかどうかに関して疑問符がつけられてきた．ゴム関係者の共通認識の一つは加工の困難さであった．以下，環境保全に対する意識の高まりや化石資源の枯渇化対策の中，持続可能な資源としてその有効利用に大きな期待がもたれている「リグニン」のゴム用補強充てん剤への展開について述べる．今世紀中における実用化を目指して，科学的な前進が始まることを期待したい．技術的な意味での実用化は，それに続くべきものであろう．

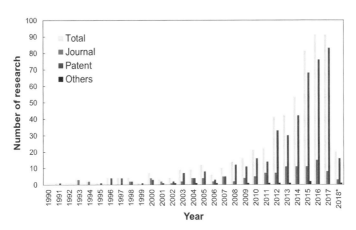

図 7.2 1990 年 1 月～2018 年 4 月 11 日における「ゴム」,「リグニン」,「コンポジット」をキーワードとする研究開発動向

7.2 ソフトプロセスによるゴムへのリグニンの混合

1947年,Keilenらがゴムへの補強充てん剤としてリグニンを使用することを提案した[55].合成ゴムの補強性充てん剤として,第二次世界大戦時のCBフィラーの供給不足を補うための研究開発が行われていたのである.その後,長年にわたり,多くの研究者・技術者がリグニンをNRなどのゴム用補強性フィラーとして利用する方法を考えてきた.しかし,従来の混練法では固形NRにリグニンを分散性よく混合させるのは難しく,リグニンによるゴムの補強充てん効果の有無以前に,どのような加工法を用いればリグニンの分散性を上げることができるかに努力が注がれた.

リグニンがアルカリ水溶液に可溶なので,NRラテックスとの混合は当初から最善の方法として試みられてきた.アルカリ性リグニン水溶液は,CBや加硫試薬の分散媒体となり,NRラテックスと良好に混合できるため,マスターバッチによるゴム配合物の作製が可能となったからである.例えば,1957年にSagajllo[56]は,リグニン充てんNR複合体の作製の手本となる優れた研究成果を発表している.マレーシアゴム研究所によるパイロットプラントスケールでのフレッシュNRラテックスから作製した研究結果も述べている.1978年,Kumaranら[57]による研究で,約33%の水分を含むリグノスルホン酸塩型のリグニンが固形NRに分散可能であることが発表されて,汎用の加工機を用いた混練により混合技術の研究開発が広がった.乾燥しているリグノスルホン酸ナトリウム粉末はNRと良好に混合しないが,リグニン/水から作るペースト(重量比2/1)を混合すると,リグニンをNR中に容易に分散できたのである.水の添加によってリグニンの水素結合性を弱めて凝集性を低下させた結果,ゴムマトリックス中でのリグニンの分散性が改善されたと考えられる.この研究では,リグニン充てんにより引張り応力破断強度,反発弾性,ヒートビルトアップ,圧縮ひずみなどの物性は低下したが,熱安定性が向上し,き裂抵抗,摩耗抵抗,屈曲き裂抵抗が改善されたと報告している.これらの加工技術からカレンダー成形法[58]への展開や高分子電解質とスルホリグニンのコンプレクス化を利用したゴムへの充てん法[59]も報告されている.

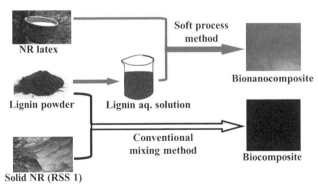

図 7.3 ソフトプロセスによる NR へのリグニン充てん
NR ラテックスとアルカリ性リグニン水溶液を用いた[12].

　これらの経験を参考にして，2009 年に S. Kohjiya と Y. Ikeda らは，リグニン／NR バイオナノコンポジットを，リグノスルホン酸ナトリウムと NR ラテックスの混合水溶液をキャスト法によって成膜するソフトプロセスにより作製した[60]．本書の第 6 章で紹介したソフトプロセスはゾル-ゲル反応による *in situ* シリカ／NR 複合体の作製法[37]であったが，ここでは固体であるリグニンのアルカリ性水溶液と NR ラテックスの系でのソフトプロセスを工夫したわけである．図 7.3 にその概略を示した[12]．従来の機械的な混練が固体ゴムに固体の粉末を機械的に混合するプロセスであったのに対して，このソフトプロセスでは両成分ともにアルカリ性の水媒体中にあって，室温で単に混ぜるだけで両者の均一混合が達成される．工業化のためには，混合過程での凝固を避けるための工夫が重要であるが，エネルギー消費量の点で格段に省エネルギーな「混練」の可能性を示唆している．関連した研究は数多いが，ゴム分野での一例として，ENR と有機クレイを溶液中で混合して得た複合体を，CB とともに NR や SBR に混練した素材は，分散性に優れておりタイヤ用ゴムとしての可能性があると報告している例がある[61]．プロセスの一部でのソフト化に過ぎないが，こうした試行の積み重ねも重要であろう．

7.3　ゴム用補強性フィラーとしてのリグニン

　図 7.3 のソフトプロセスにより作製された複合体のモルフォロジー解析の結

果を次に示す．10 重量部 (phr) のリグニンを充てんしたバイオナノコンポジット (ゴムもフィラーもバイオマス) の透過電子顕微鏡 (TEM) 写真を図 7.4 に[62]，走査プローブ顕微鏡 (scanning probe microscope：SPM) 写真を図 7.5 に示す[63]．容易に予想されるように，ラテックス中の NR 粒子の周りにリグニンが分散したモルフォロジーの形成が明らかになった．40 phr までリグニンを増加すると，リグニンの相がより明確になりリグニンのフィラーネットワークの形成が進行するのであろう．これは第 1 部，第 2 部に述べてきたように，無機の補強性ナノフィラーがフレキシブルなネットワークを形成する (特に，図 5.5 とその解説を参照) ことがゴム補強の最有力機構であるとする結論が定性的に支持される．有機物であるゴムのマトリックス中での図 5.5 類似のネットワーク形成の

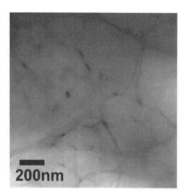

図 7.4 NR に 10 phr のリグニンを充てんしたオールバイオマスナノコンポジット (NR-L10-S-soft) の TEM 写真[62]

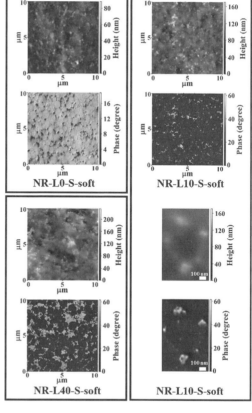

図 7.5 NR に 10 phr と 40 phr のリグニンを充てんしたオールバイオマスナノコンポジットの SPM 写真
　参考にリグニン 0 phr の試料の SPM 写真も示す[63]．

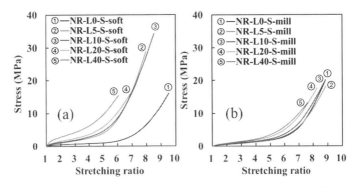

図 7.6　NR にリグニンを充てんしたオールバイオマスナノコンポジットの引張り物性
　　　(a) ソフトプロセスで作製，(b) 混練で作製[63].

ためには，シリカや CB よりもリグニンのような有機ポリマーの方が有利であるといえる．少なくとも化学的には，工夫の余地が大きいことは確かであり，リグニン粉末をゴムと混練するのではなく，ソフトプロセスによって作製されたバイオナノコンポジットにおける，図 5.5 に相当するネットワーク構造の詳細同定が次の課題である．図 7.6 の応力-ひずみ曲線では低ひずみにおける応力が大きくなって，優れた補強効果が発現している[63]．有機フィラーであるリグニンの高い補強性を示唆する結果であり，「リグニンは，ゴムへの優れた補強充てん剤になりうるか？」という疑問に対して "Yes!" と回答することが可能になったのではなかろうか．

ゴムとリグニンの相互作用の制御や，配合設計によるリグニンのモルフォロジー制御の前進により，今後のさらなる進展が強く望まれる．自然エネルギーの利用，バイオマスの有効利用など人類の持続的発展 (sustainable development：SD) が動かし難いトレンドとなった 21 世紀の今[5,6,64,65]，リグニンのゴム用補強性フィラーとしての利用は，ようやくスタートラインに立ったところであろうか[12,60,63]．工業化への動きを具体化するためにも，基礎的研究の新たな推進が求められている．

8 天然ゴムにおける自己補強性：テンプレート結晶化

8.1 天然ゴムの結晶化

8.1.1 アモルファスと結晶

有機低分子化合物と比較して，ゴムを含めた高分子はその分子鎖の長さ（分子量の圧倒的な大きさ）のゆえに，速度論的にも熱力学的にも規則的構造をとり難い．秩序構造の代表というべき結晶領域でも規模の小さい微結晶（crystallite）がふつうであり，ポリエチレンなどの単結晶（single crystal）[66]はむしろ例外的である．ある物理学者の1970年代の言[67]を引用すれば，

> 「一般的に言うと，巨大分子系は実際には大きな規則結晶を作ることはなくて，あらゆる複雑な型のトポロジー（位相幾何学）的な乱れを示し，これらの特徴を解析的に記述しようとするのはほぼ不可能である」．

このテーゼは1970年代以後の解析技術の著しい進歩があった今なお真実の一端を示唆している．つまり，高分子は準安定（metastable）状態ともいうべきアモルファス（amorphous）[68～100]が基本的特徴で，立体規則性をもたないポリマー（例えば，アタクチックポリスチレンなど）や共重合体（例えば，SBRなど）はアモルファスの典型例であり，プラスチックスやゴム材料として広く用いられている．立体規則性ポリマーで結晶化した場合であっても微結晶とアモルファスが共存しており，高分子材料にとって結晶化度（degree of crystallization）の概念が重要である[5,6,71]．有機低分子と異なり，高分子にとって一次構造（化学構造）の決定に加えて二次，三次の高次構造を対象とするモルフォロジー解析[5,6,72]は，両者の共存状態を示す重要な課題であり，基本的に物性を支配する要因として機能する．

そのような高分子物質の中でも,ゴムはさらに無機ガラスやアモルファス金属とともにアモルファス材料の代表例である[5, 6]．また,金属材料,無機材料の示す弾性はエネルギー弾性であるのと対照的に,エントロピー弾性の一つであるゴム弾性は(ゴムに限らず)高分子一般にとって最も特徴的な物性で,アモルファス性と分子レベルでのセグメントの熱振動(ミクロブラウン運動)に基づいており[5, 6, 8, 73~75],1930年代における古典的ゴム弾性論の確立は,シュタウジンガー(H. Staudinger)やカロサーズ(W. H. Carothers)の有機化学的研究[76~78]と相まって,新しい科学分野としての高分子科学の成立を告げるものとなった[5, 6, 79~81]．

しかし,ブタジエンとスチレンのランダム共重合によるSBRなど数種の合成ゴムを除いて,多くのゴムも条件を選べば大なり小なり結晶化傾向を示す．中でも天然ゴム(NR)は分子レベルでの群を抜く立体規則性の高さ,つまり片末端の3つを除いてイソプレン単位はcis-1,4が100％であること[82]に加えて,cis-1,4の連鎖長が圧倒的に長いことによって非常に特異な結晶化挙動を示すゴムである[5, 6, 83, 84]．物性上NRの重要でユニークな特性である自己補強性(self-reinforcement)はNRの伸長結晶化(strain-induced crystallization：SIC)挙動と密接に関係している．NRのもう一つの結晶化は低温結晶化(low-temperature crystallization：LTC)と呼ばれている．LTCは伸長結晶化との対応からは温度誘起結晶化(temperature-induced crystallization：TIC)と呼ぶべきであるが,歴史的にはLTCの方が古くから認められていたので,低温結晶化の用語が今も用いられている．

8.1.2 核生成と天然ゴムの低温結晶化

NRの低温結晶化(LTC)は,ポリマー一般の結晶化と同じく核生成(nucleation)に基づく均一結晶化,あるいは核剤(nucleating agent)を利用する不均一結晶化機構によることはすでに確立している[72, 85, 86]．「その延長線上で」というべきであろうか,SICとLTC両者の結晶化速度の異常に大きな差などいくつかの際立った差異が認められてきたにもかかわらず,多くの研究者によってSICについても核生成機構が議論されてきた．マンデルカーン(L. Mandelkern)による高分子結晶学の大著である文献86の第2巻12章

"Crystallization under applied force" では，関連文献 87〜90 を引用して応力下の結晶化が次のように説明されている．

> '…the crystallization rate constant of natural rubber increases by six to nine orders of magnitude with extension ratio at constant temperature…（中略）…The change in rate can be attributed in part to the changing crystallization mechanism with deformation. However, the main contributor is the substantial increase that occurs in the undercooling with extension at constant temperature.'

異なる結晶化機構の可能性に言及しているにもかかわらず，過冷却にその原因を求めて NR 以外のポリマーのデータも考慮して次のように結論している．

> '…the crystallization rate depends solely on the undercooling and is independent of the associated changes in the crystallization mechanism.'

しかし，過冷却によるとするこの結論を証明するのは困難だとして，さらに次のように述べている．

> 'In order to resolve the problem, reliable values of the equilibrium melting temperature as a function of the extension ratio are needed. The discussion in Ch. 7 (Vol. 1) showed how difficult it is to reliably establish this quantity.'

優れた科学者ではあるが，マンデルカーン教授にとって，核生成機構を捨てることはたとえ例外的であっても忍び難いことであったようだ．何しろ生涯の研究のまとめともいえるこの 2004 年の書で，証明することは困難と認めながら過冷却によるとする「結論」に固執しているのだから．高分子の結晶化「学」の権威者であるマンデルカーン教授に追随して，SIC への核生成機構の適用に腐心する研究者が続々と現れ，21 世紀に入ってシンクロトロン放射光を利用した時分割測定の結果が発表された後にも，核生成機構を主張する研究者が絶えない状況が続いてきた．しかし，NR の SIC は核生成による結晶化ではなく，ユニークなテンプレート結晶化（template crystallization）機構によることが著者らによって改めて主張されている[6,91〜95]．

次節のテンプレート結晶化機構による NR の自己補強性の解説に先立って，ここでは NR の LTC について簡単に説明する[5,6,85,86,91,92,96〜99]．図 8.1 は NR の LTC 速度の温度依存性を示している[97,98]．結晶化速度は -25℃ で極大値を示

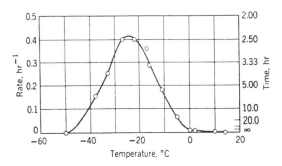

図 8.1 NR の低温結晶化速度の温度依存性[96]

し,「低温結晶化」という用語の起源となった．この図より明らかなように NR の産地である熱帯地方では，年間平均気温が 20℃ を超えるため LTC が観測されることは稀である．1839 年にグッドイヤーが発明した加硫は，冬季に凍結したかのごとくに硬くなって弾性を失ってしまうゴム製品の欠陥を防止することを主目的として，試行錯誤法による莫大な実験の結果として見出されたものである[5,6,91,92,94]（夏の特に暑い日には逆に軟化し流動するが，加硫によりこの流動も防止された）．ちなみに，彼は加硫を化学反応とは意識しておらず,「加硫が化学反応である」との認識は 20 世紀になってからのものである[5,6,100]．また，ゴム弾性を保持しつつ NR の LTC（および高温での軟化流動）を防止する方法として，化学反応である架橋（加硫を含めた一般的表現）が 21 世紀の現在も最善かつおそらく唯一の方法であることは，約 200 年前のグッドイヤーの必死の努力[101~105]が技術史的にも高く評価すべきものであったことを雄弁に物語っている[5,6,81,91,92,95,106]．

図 8.1 の結果は NR の LTC に特有のものではなく，核生成による結晶化にとって広く一般的な結果であり，多くの高分子の教科書にこの図が引用されている[71,107]．結晶化に必要な核生成には過冷却度（super cooling）が大きい，つまり融点より低いほど有利であるが，低温でガラス転移温度（T_g）に近い温度では分子鎖の拡散（移動）が困難になり結晶化は遅くなる．この 2 つの因子のバランスによって図のような極大が現れる．NR 以外のゴムではクロロプレンゴム（chloroprene rubber：CR）では $-10℃$ で極大となる[108]．核生成は密度，分子論的にはミクロブラウン運動の統計的な揺らぎ（fluctuation）に依存す

る[72, 85, 86]．したがって，結晶化の考察には統計的・確率論的な取扱いが必須であり，実用上は結晶化のコントロールが困難な理由となっている．高分子の結晶化につきまとうこの困難は，21 世紀になった現時点においても何ら変わってはいない．

"Observations of the birth of crystals" と題された最近の文献 109 によれば，

'The development of rational approaches for the design and control of crystal growth, requires an understanding of nucleation—the initial stages of crystallization, in which the building blocks begin to form clusters known as nuclei.'

すなわち，結晶化のデザインとコントロールのためには，核生成についての理解が不可欠である．「にもかかわらず」とこの文献著者は続ける．

'Unfortunately, there are two main hurdles : First, the nuclei are typically too small to be visualized in 3D space. Second, such nuclei are, by definition, unstable and therefore form only transiently.'

核は非常に微小で可視化できず，定義そのものからして不安定で，一時的に生成するだけであることがハードルとなっている，と述べている[109]．核生成がいまだに「ランダムプロセスである」以上の理解になっていない点は，核生成の仮説に本質的な困難さ，あるいはあいまいさがあることによるというしかない．

プラスチックの場合は一般的にゴムより結晶化傾向が高いから，そのコントロールのために核剤が添加され，不均一結晶化として結晶化をコントロールする手法が用いられる．核剤により結晶化を促進し，（単結晶の形成ではなく）数は多くなっても微結晶（球晶）の同時生成が進行する結果となり，靱性が向上するからである．

ゴムの利用にとって LTC の進行は，その貯蔵，加工，ゴム弾性体としての使用のすべての段階で「百害あって一利なし」であるから LTC を避ける努力が長く続けられてきたが[5, 6, 91, 92, 98, 99, 109~111]，加硫あるいはより一般的には架橋反応を除いて，いまだに一般的な防止策はないのが現状である．例えば，原料 NR は結晶化しない 70℃ の恒温室で貯蔵して，あるいは使用前の加熱により微結晶の融解が確認されて後に，混練工程に送られている[111]．NR といえども結晶化すれば高硬度の固体であり，ゴム用混練機（ミキサー）には負荷が大きすぎる

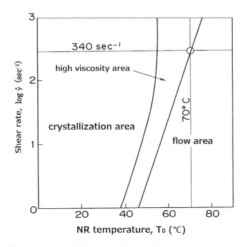

図 8.2 NR の混練条件（せん断速度と温度マップ）における結晶化と高粘度領域[111]

のである．しかし混練中における NR の挙動を十分に理解すれば，NR の結晶化（LTC）傾向は決して加工上の不利な条件ではない．参考のため，図 8.2 に NR の混練を困難にする結晶化と高粘度領域を加工条件のマップに示す[111,112]．図 8.2 より工業的には高温素練りが合理的な選択であることも示唆される．

幸いなことに，架橋（加硫）によりゴムの LTC は実質的には阻止されるので，架橋ゴム製品の使用中に LTC が問題となるのは，温帯，亜寒帯，寒帯域において免震，制振ゴムなどが数十年にわたり屋外などに静置状態で設置されている場合などにほぼ限られている．グッドイヤーによる加硫の発明によって，架橋ゴムは現在も必須の材料として広く用いられている．彼の発明の意義は今も輝きを失うことなく，21 世紀の交通化社会を照らし続けることであろう．

8.2　テンプレート結晶化：天然ゴムの伸長結晶化機構

8.2.1　伸びきり網目鎖

興味深いことに NR の SIC の X 線による研究は，高分子説が確立する 1930 年代以前の 1925 年にオランダの Katz により報告された[113,114]．当時は，多くの試料が広角 X 線回折（wide angle X-ray diffraction：WAXD）測定に供され始めた

頃で，ふつう，ゴム試料は無定形に特有のリング状ハローしか認められなかったから，研究者・技術者の興味を引く試料ではなかった．ゴムを「伸長してそのWAXDを測定する」という当時としては画期的な発想の背景については，文献115のp.74脚注に興味深い記述がある．セルロースなど繊維のファイバーパターンと類似の回折パターンが伸長したゴム（当時，ゴムはNRだけであった）で測定されたこと（Katzはゴムのfiberingと表現していた）は，"Katz effect"と呼ばれて大変な評判となり，マーク（H. Mark, 1895-1992）は多くの人がこの実験を繰り返したと証言している[116]．しかしながらKatz effectの研究は，その後はNRのLTC研究に取って代わられてしまった．Katz自身がほかの多くのトピックスに興味をもっていたこと[117]もあるが，それ以上にこの高速の結晶化現象の定量的解析には，今日いうWAXDの時分割測定（time-resolved measurement）が必須であり，シンクロトロン放射光の利用なしには定性的議論に留まらざるをえなかったからである[5, 6, 81, 91～95]．

ここで解説するテンプレート結晶化は，放射光を利用した研究成果に基づくものであるが，その出発点は論理的考察であった．結晶化は均一系と不均一系に二分され，均一結晶化においては核生成がその前提となっている[72, 86]．8.1.2項に示したように密度揺らぎによって生成する核の生成プロセスはいまだ十分に解明されていない[109]．ふつう，結晶化速度は温度によって決まるのに対して，核生成は経験的にも理論的にも，融解以前の試料温度，溶融状態からの冷却過程，ガラス状態加熱過程，等々の複雑な多くの要因に依存している[118]．揺らぎは基本的に確率過程であるから，それは当然の結果であって，この条件下では当然のことながら均一系の結晶化のコントロールは非常に困難である．前述したように，主に半結晶性ポリマーを扱うプラスチック工業においては，適切な核剤の利用が製品開発の要になっている．核剤（異物）による結晶化が不均一結晶化であり，その種類，量，添加のタイミング等々によって結晶化のコントロールが行われている．

一方，NRの加硫反応の結果生成する3次元網目構造を構成する網目鎖の長さ（分子量）分布は単分散ではないから，加硫NRの一軸伸長により比較的短い網目鎖は伸長初期のあるひずみにおいて，いわゆる伸びきり鎖（fully extended chain）となる．伸びきり鎖は，Penningsにより発見されたいわゆるシシケバ

ブ (shish kebab) 結晶のシシ部[119]，あるいはそれと関連する Andrews の γ-filament がイメージしやすい例であろう[120~126]．図 8.3 にシシケバブ結晶の分子レベルのスケッチを示す[119]．文献 72 の第 7 章第 3 節 Strain-induced crystallization にこの図が引用されていて，その著者 Bassett による "Shish kebab" の優れた解説がある．Bassett はマンデルカーン以上に「核生成とはどこか異なっている可能性がある」と意識したのであろうか，シシ生成の条件を次のように説明している．

'The suitable circumstances referred to are sufficiently high strain rate and molecular length coupled with a low enough temperature.'

結果的にではあるが，この Bassett の記述は架橋されていないポリマーについて SIC のために必要な条件の説明であり，高分子鎖の物理的な絡み合い (chain entanglement) が疑似網目形成に必要な架橋点の役割を果たすこと[73, 127~130]に基づく説明となっている．この Pennings や Bassett による "Shish kebab" の解説では，シシ部の伸びきり鎖は複数のポリマー分子として記述されているが，未架橋ポリマーの場合であっても，伸長によって最初に 1 本の分子だけが伸び切り鎖となることを排除しているものではない．なお，マンデルカーンの文献[86]（初版の発行は 1964 年）には "Shish kebab" の説明は見あたらない．

絡み合いの存在によって未架橋 NR でも SIC は観測されるが，化学反応による架橋（加硫）のように共有結合による固定とは異なってゴム鎖の絡み合いは流動性を保持する．したがって，伸長による SIC 挙動はより複雑な様相を呈し，

図 8.3　シシケバブ結晶の分子レベルのスケッチ[118]

テンプレート結晶化と配向下での核生成による従来の機構の共存や，テンプレート結晶化の変調版を考える必要があるかもしれない．文献 123～126 では未架橋 NR のベンゼン溶液を水面上にキャストして薄膜を作製し，水面上で伸長させて後に透過電子顕微鏡（TEM）ホールダーにすくい取って TEM 測定に供した．この手作業において，シシ部は水面上での NR 薄膜の伸長段階で生成したと想定した．未架橋 NR の SIC 挙動は，架橋 NR の自己補強性よりも複雑で，別の課題でもあるので，本書では問題点の指摘に留める．

8.2.2 テンプレートの生成と結晶化の進行

加硫反応により形成された NR の架橋網目鎖（network chain）の長さはランダム分布で近似され，伸長により比較的短い網目鎖が伸びきり状態となる．これがテンプレート（template）であり，その近傍にある比較的長いアモルファス網目鎖がテンプレート上に結晶化していく．これは自己エピタキシーと名付けることもできよう．この関係は，伸長が「原因」となりその必然的な「結果」として伸びきり鎖が生成し，テンプレートとしての機能を発揮して結晶化が開始されること，つまり「因果関係」に基づくプロセスであり古典的な形式論理に従っている．したがって，核生成のような確率過程（stochastic process）[131] ではなく，アリストテレスの形式論理学にある因果関係によって結晶化が始まる過程である．従来，均一結晶化は確率過程である核生成による結晶化と理解されてきたが，テンプレート結晶化は均一結晶化の中にあっても確率ではなく，因果律に従う別のカテゴリーの「均一結晶化」を提起している[6, 91~95]．

図 8.4 は放射光を利用した加硫 NR の時分割測定により得られた実験結

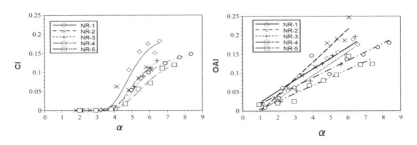

図 8.4 加硫 NR における配向アモルファス分率（OAI）と結晶化分率（CI）のひずみによる変化[134]

果 [132~143] の一部，配向アモルファス分率（OAI）と結晶化分率（CI）のひずみによる変化を示し，この結果は加硫 NR の SIC を考察する基礎となっている [5, 6, 91, 92, 133, 134, 140, 143]．

OAI は伸長に従って増大し，その変化は直線的である．一方，CI は伸長開始後もしばらくは 0 のまま変化なく，中変形領域，NR では伸長比 3.5 付近（これが図 8.5 の onset strain である）から結晶化が開始される．すなわち，伸長開始と同時に網目鎖の伸長方向への配向（orientation）が認められるが，しばらくは配向度が増加するだけである．伸長があるひずみ（onset strain）に達した時点で結晶化が開始されて結晶度が増加，すなわち結晶化が進行している．図には示さなかったが，破断前に伸長を止めてもとの長さまで収縮させると結晶化度，配向度ともに減少して 0 に戻る．

図 8.5 は前図の結果などのデータから推定された SIC 進行の様子を示す略図である [5, 6, 91, 92, 134, 140, 143]．ここで，用いた NR 試料は，図中に示したようにいわゆる輪ゴム状であり，ダンベル形試料と異なり，変形は試料全体で均一とみなせる．加硫ゴム中の灰色で示した比較的短い網目鎖は一軸伸長によりあるひずみで伸びきり網目鎖となる．この伸びきり網目鎖をテンプレートとして，その

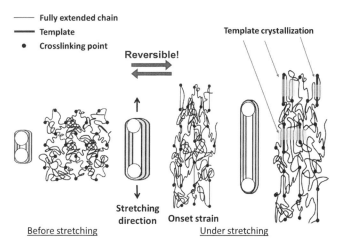

図 8.5　加硫 NR の伸長結晶化（SIC）の進行スキーム [92]

周囲のより長い配向アモルファス網目鎖がテンプレート上に結晶化してシシ部が，さらに淡色の範囲で示したラメラ晶が形成されるものと推定される．
このスキームでは，均一結晶化に普遍的と考えられてきた核生成による結晶化の開始とは異なり，一軸伸長によって onset strain に達した場合に必然的にテンプレートが形成されることから，核生成とは異なる機構を強く示唆している．

この結晶化シナリオでは，加硫が不均一反応であること，すなわち網目鎖の分子量は多分散であり，ある長さの網目鎖の位置もランダムであるからこそ，テンプレートの発生が可能となっている．さらに，到達結晶化度は高々 20％ 程度を前提としていることにも注意してほしい．伸長により微結晶が生成した際にもゴム状態を保持したアモルファス相が連続相を成していることが，可逆性の要因である．網目の理論的な考察に対象とされる「モデルネットワーク」では網目鎖の長さは均一であるから，伸長により伸びきり網目鎖が一斉に現れ，系全体が結晶化する．したがって，応力解除後も収縮による融解はなく，SIC はゴムから結晶性固体への不可逆変化となってしまう．実測された収縮による微結晶の融解は，周辺のアモルファスなゴム状網目鎖のエントロピー増大による収縮力によって可能で，もし結晶化が 100％ になったら，結晶が連続相となって収縮はありえない結果となる．

このスキームのオリジナルは 2004 年の文献 134 に公表されたもので，SIC に興味をもった研究者にとってそのわかりやすさが評価されたのか，多くの論文，総説に引用されてきた．しかし，いずれの場合も伸びきり鎖（テンプレート）が従来の伝統的な「核」であるとして説明されている．例えば，RCT の総説[144]ではこのスキームを Fig. 11 として転載し，図中の説明では伸びきり網目鎖を次のように記している．

'The fully stretched chains have acted as nucleus of crystallites.'
伸長により必然的に生成した加硫 NR 中の一本の伸びきり網目鎖を，分子鎖のミクロブラウン運動における密度「揺らぎ」に依存する核生成の現れとみなす誤った議論がまかり通ってきたことになる．マンデルカーンが結局は否定したけれども，いったんは可能性を認めた「核生成以外のメカニズムを考えること」が，長く顧みられて来なかったのは誠に残念なことである．

従来，核生成以外の可能性についての具体的な提案がなかったため，加硫 NR

の SIC については非ゴム成分として含まれるステアリン酸など長鎖アルキル脂肪酸や，加硫反応の活性化剤として添加されたステアリン酸が核剤として作用するという見解もあった．確かに，ステアリン酸など長鎖アルキル脂肪酸は NR の LTC を加速する．つまり LTC の核剤として作用する．しかし，高 cis-1,4 含量の IR は，ステアリン酸を添加しない（合成ゴムである IR はステアリン酸を含まない）加硫でも，過酸化物による架橋でも SIC 挙動を示す[136, 137]．それゆえ，NR と IR 架橋体の SIC はステアリン酸など長鎖アルキル鎖の共存を全く必要としない結晶化プロセスである．

なお，図 8.4 と図 8.5 から明らかなように，一軸伸長の速度はテンプレートの形成の時間（伸長開始後の時間）を決めている．変形の速度は装置の機械的な要因から基本的に最高速度でも秒単位の変化であり，テンプレートが形成されて後の結晶化速度は複数の研究結果から約 20 ミリ秒と見積もられていて[145~147]，数百倍の差がある．したがってここでは当面の第一近似として，変形速度の効果は伸びきり鎖，すなわちテンプレートの生成の段階のみで，SIC の機構（の一つ）であるテンプレート結晶化の段階では無視できるものとして議論している．

8.2.3 テンプレート結晶化の速度論的モデル

核生成に代わって伸びきり網目鎖をテンプレートとして開始される SIC は，全く関係がなさそうに思われる高分子合成の分野で，すでに知られているテンプレート重合（template polymerization）と類似するところがある[6, 148]．この重合法は Merrifield による固相ペプチド合成[149, 150]に由来する．例えば，DNA は親の DNA をテンプレートとして複製されているように，生体における化学反応としてはむしろ一般的なものである．

テンプレート重合の素反応をも参考にして[6, 91, 92]，速度論的立場からテンプレート結晶化の機構解明のためのモデルとして図 8.6 が提案されている[6, 91~95]．このモデルの速度論的展開のために，各ステップの考え方を説明する．

1 は onset strain における伸びきり網目鎖の生成を示している．一軸伸長により生成するが，結晶化のためのテンプレートとして機能するためには一定の長さを有する必要がある．その長さは今後の検討課題であるが，ゴム鎖がヘリッ

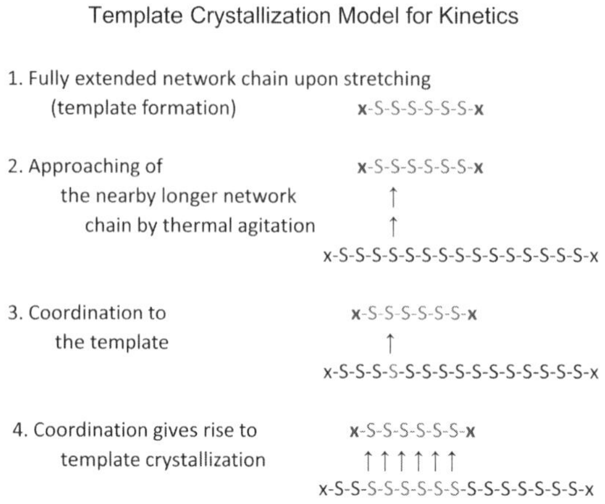

Template Crystallization Model for Kinetics

1. Fully extended network chain upon stretching
 (template formation)
 x-S-S-S-S-S-S-x

2. Approaching of the nearby longer network chain by thermal agitation

 x-S-S-S-S-S-S-x
 ↑
 ↑
 x-S-S-S-S-S-S-S-S-S-S-S-S-S-S-x

3. Coordination to the template

 x-S-S-S-S-S-S-x
 ↑
 x-S-S-S-S-S-S-S-S-S-S-S-S-S-S-x

4. Coordination gives rise to template crystallization

 x-S-S-S-S-S-S-x
 ↑↑↑↑↑↑
 x-S-S-S-S-S-S-S-S-S-S-S-S-S-S-x

図 8.6　伸長結晶化機構解明に向けた「テンプレート結晶化」の速度論的モデル[92]

クスを巻くのに必要な長さが一つの考え方であり，また高分子結晶における折り畳み (folding) 構造の鎖長などが参考になるかもしれない．ここでSは網目ゴム鎖のミクロブラウン運動単位であり，クーン (Kuhn) セグメントと考えることができる．あるいはSをモノマー単位と考えた取扱いも，分子動力学によるコンピュタシミュレーションの場合には可能であろう．なお，伸びきり網目鎖の両端の架橋点は運動性が低く，テンプレートの運動・移動は不可能であると仮定できる．

2はテンプレート周辺に存在する配向アモルファス網目鎖（図中では便宜的に直鎖として示している）のミクロブラウン運動による接近を示している．それらの存在，すなわち結晶化度が十分に低いことがこの結晶化の必要条件となる．両端の架橋点は易動度が低いが，テンプレートのそれらと比較すれば一定制限下での運動が可能である．別の伸びきり網目鎖が直近にパラレルに存在する可能性は極めて小さく，0としても差支えないであろうし，偶々存在した場合も両端の架橋点によって運動は非常に制限されているから，お互いの拡散による接近は無理である．したがって，テンプレートが2本あるいはそれ以上の伸びきり網目鎖から構成される確率は0ではないとしても低いと考えることができる．

3では拡散した配向アモルファス網目鎖がある距離以内にテンプレートに接

近し，一つのセグメントが配位した状態を示している．拡散によりテンプレートに接近するためには，少なくともテンプレートより長いアモルファス網目鎖の存在とそのミクロブラウン運動が前提となる．そのうえで，接近のために物理的に必要な拡散が律速段階としてテンプレート結晶化の速度を決める可能性がある[91, 92]．すなわち，定性的ではあるが速度論的考察から，テンプレート結晶化は，テンプレートへのNRの網目鎖の拡散が律速となるプロセスである可能性が高いと思われる[94, 95]．この考察は，テンプレート結晶化をいまだ考えていない時点での核生成の延長線上での速度論的研究が示唆する結論と一致している[145〜147]．接近した後にも配位と脱離を繰り返す動的プロセスを経て，すぐ隣のセグメントが配位（複数のセグメントが配位）して結晶化が開始される．離れた位置のセグメントが配位すればループが生成する可能性も存在する．伸びきり鎖が生成されてもその周辺により長い網目鎖が存在しなければ，結晶化は不可能でテンプレートとして機能することはない．孤立した伸びきり鎖の存在割合の定量も，シミュレーションの課題である．

そして，4に示すようにテンプレートが複数の伸びきり網目鎖で構成されるようになり（シシ部の形成），この繰り返しにより結晶が成長し，周辺の可能な配向アモルファス網目鎖が配位すれば着目したテンプレートを含む微結晶の成長は完了する．シシ部からさらにラメラ晶が形成されてシシケバブ類似の微結晶となる可能性も否定できない．周辺の網目鎖が十分に長くなければ，シシ部としての成長のみとなる．

このモデルによれば伸長するにつれて伸びきり網目鎖は増えるが，隣接する配位可能な配向アモルファス網目鎖は急速に減少するから，結晶化度には限界がある．実験的にも高々20%であり（図8.4），30%を超える例はない．そして，結晶化度が低いことは，高伸長下であってもミクロブラウン運動中のアモルファス網目鎖が優勢で，マトリックスがゴム状であることを意味している．これは応力の解除に伴って微結晶が融解し，もとの無配向アモルファスの状態に戻るための必要条件である．すなわち，伸長によるテンプレート結晶化と外部応力消失後の結晶融解の可逆過程が成立し，これが自己補強性を示すための基礎条件となっている（次節の図8.7参照）．

このモデルに基づく速度論は，残念ながらいまだ展開されていない．結晶化

の速度論として Avrami の式による解析が標準的手法であり[72, 86, 151]，ラメラから球晶への均一結晶化に適用されて Avrami 指数によって結晶化機構を同定することができる．SIC はランダムコイル状態からの結晶化プロセスで，上記のモデルで共通するのは 2 の拡散のステップのみであるからこの式は適用できない．テンプレートモデルの提案以前の SIC による結晶化を対象とした速度論的研究はわずかであるが，特筆に値するものとして Brüning らによる研究を挙げることができる[146, 147]．SIC の超高速結晶化に対応する実験的な配慮のもとに，半定量的ではあるが数十ミリ秒レベルでの議論が展開されている．実験的にはミリ秒レベルの高速過程の定量的対応には，T（温度）ジャンプあるいは P（圧力）ジャンプ法など緩和法と呼ばれる実験手法をベースとして，さらなる工夫が必要だと思われる．いずれにせよ図 8.6 のモデルを基礎としたテンプレート結晶化の速度論的解析は，NR の自己補強性を解明するうえで，今後の最重要課題である．

さらに付け加えるべきは，図 8.5 と図 8.6 はあくまでテンプレート「結晶化」の機構を示唆するものであって，外部応力解除後の収縮過程における結晶融解は，架橋ネットワークの自発的な収縮によることに注意しなければならない．すなわち，変形による熱的変化である．次節に述べるように，SBR 架橋体と対照的に NR 架橋体は顕著なヒステリシスロスを示す．このヒステリシスの存在は，結晶の融解過程は外部からの収縮応力の直接的なものではなく，伸長結晶化後も微結晶（結晶化度は 20％を超えない）周囲に存在するアモルファスなゴム状網目鎖のエントロピー的な回復力によることを意味している．したがって，結晶化-融解が可逆プロセスでヒステリシスを示していることは，ナノフィラー補強加硫ゴムが示す内部摩擦によるヒステリシスとは異なっている．この両者の熱的機構が異なることが，後述する加硫 NR の新たな機能性発現の源となっている．

実に，グッドイヤーの発明になる「加硫」反応は，低温結晶化を阻止して NR の実用化に途をつけたのみならず，生成した網目鎖長が多分散であることによって，NR に隠されていた自己補強性を顕在化させるための必要十分条件でもあったことになる．現代の合成化学者が理想とする完全均一網目の架橋反応が加硫に先立って実現していたとすると，NR は伸長によりすべての網目鎖が

伸びきり鎖となって高度に結晶化してしまう．つまり，結晶部が連続相を形成してNRの自己補強性や新たな機能性の発揮どころではなく，「NRはゴムとしては全くの役立たず！」になっていた可能性がある．グッドイヤーの勘の鋭さなのか，単なる僥倖なのか，技術史的な検討も興味ある課題であろう．

8.3 天然ゴムの自己補強性

8.3.1 引張り特性

加硫NRでは，伸長に伴ってテンプレート結晶化によりその場（in situ）生成した微結晶がゴムマトリックス中に分散したモルフォロジーをとることを説明した．HAFなど補強性フィラー配合と同様な補強効果を示すこの微結晶が図8.3に示したシシケバブと類似点を有することは大いにありうるが，その可能性を含めて，結晶部のモルフォロジーのさらなる解明は今後の研究課題である．しかし，図8.5に示された微結晶のモルフォロジーは，第2，4，5章で述べたゴムに対する補強性ナノフィラーの条件，すなわち，

(a) 基本粒径が1μm以下で，バウンドラバーを伴ってゴムマトリックスに相溶する

(b) 最終的に（アグロメレートとして）フィラーがネットワーク構造をとっている

の2条件を満たしている点で，ここでのその場生成の微結晶がナノフィラーとほぼ同様な機能を発揮するであろうと推定できる（文献5，6，91～95，133～135，140～143を参照）．

この推定は，実はすでに多くのゴム技術入門書の説明において，補強の項に記載されている「常識的な事柄」であった．例えば，日本ゴム協会発行の『新版 ゴム技術の基礎（改訂版）』[152]のp.54には，

「伸長結晶化は架橋ゴム中に剛直な微結晶を生成させるので，補強作用として働くことになる．つまり，NR系は伸長により融点が室温以上になり結晶化が生じる点で，純ゴム配合であっても，伸長結晶化が困難なSBR，NBRなどのカーボンブラック配合と同等な引張り強さを示すことになる．」

と詳細な実験的論証がないままに，スペースの関係もあって簡単に「事実」と

して記載されている.この引張り強さ(tensile strength)の向上が,NRの自己補強性の出発点であると考えられて,以前からゴム関係者に広く受け入れられていたことになる.

実際,図8.7に示されるように加硫NR(純ゴム)の引張り試験で得られる引張り強さが十数MPa以上に達するのと比較して,汎用の合成ゴムで結晶化能力をもたないSBRの純ゴム加硫体のそれは2MPaを上回るレベルで約十倍の差がある[153](図の測定では破断の直前に伸長を止め,収縮してもとに戻るまでのヒステリシスを示す測定結果を示している).ここで中変形領域(伸長比 $\lambda=4.0$ 付近)までは,両者の純ゴム試料の応力-ひずみ曲線に大きな差がないことに注目してほしい.X線回折でSICが認められるまで(図8.4参照)は両者ともに低応力で,小さな応力で変形が可能なゴム弾性の特徴を示している.中変形領域の途中でSBRの純ゴム加硫体は破断してしまうのに対して,NRは破壊に対抗するかのように応力が立ち上がり,SBRの10倍の高い応力に至るまで持ち堪えている.これが「引張り強さ」から見たNRの自己補強性である.さらに,SBRは50phrのCBを配合してはじめて,NRの純ゴム加硫体に近いレベルの室温における引張り試験結果を示すようになる.NRでもCB配合の効果は認められるが,SBRの場合と比較して,引張り強さよりはむしろ引張り弾性率(すべてのひずみ域での応力)の大幅な増加として現れている.すなわち,強度

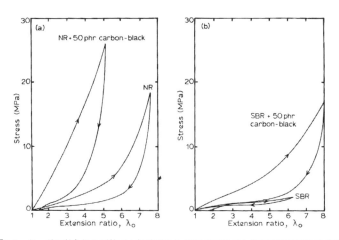

図8.7 カーボン配合および純ゴム加硫NRとSBRの室温における引張り試験結果[153]

への効果の点でフィラー添加の補強性向上の内容が，SBR と NR では異なっているといえよう．NR への CB の配合は引張り強度の向上を主たる目的とするものではない．

図 8.7 に示されるヒステリシスも NR と SBR で顕著な違いがある．SBR の純ゴム加硫体はヒステリシスロス（hysteresis loss；図中で破断手前までの伸長ともとに戻る収縮の曲線で囲まれた部分の面積）が極めて小さいが，CB 配合によって大きなヒステリシスを示し，NR の純ゴム加硫体以上のヒステリシスを示す．Payne ら[154]により系の破壊に要するエネルギー U_B とヒステリシスロス H_B の間には次の実験的な関係式が提案されている．

$$(294/T)^{1/2} U_B = K_h \times H_B^{2/3} \tag{8.1}$$

ここで T は絶対温度であり，K_h は定数である．すなわち，SBR への CB 配合がタフネス（toughness）の向上を伴っていることを示唆している．一方，純ゴム加硫 NR のヒステリシスロスはその SIC 挙動によるものである．すなわち，伸長によるテンプレート結晶化と応力解除後の収縮過程での結晶融解によるもので，SBR の場合のゴムの内部摩擦に基づく場合とは，その起源が異なっている．NR はテンプレート結晶化に基づく自己補強性によって，結晶化能力のない SBR に補強性ナノフィラーを配合したのと同じく，引張り強さとタフネスの向上が認められた．

さらに図 8.7 には，NR に 50 phr の CB を配合した場合の結果が示されている．SBR におけるのと同じく，引張り強さとタフネスの向上が認められる．しかし，CB 添加の効果は SBR の場合に比べて増加割合は小さく，NR の自己補強性に CB 配合の効果が上積みされていることがうかがえる．CB の添加効果は引張り特性の向上に留まらず，最終製品に要求される適度な摩擦や摩耗などの多様な機能的な諸物性に応じ，自己補強性の NR にも CB などの補強性フィラーが配合されている．タイヤやゴムベルトはその代表例といってよい．

8.3.2 引裂き特性：き裂成長の防止

NR の自己補強性による「補強効果」は，もちろん，優れた引張り特性に留まるものではない．NR の優れた力学的特性のもう一つは引裂き強さであることは古くから知られ，また，シンクロトロン放射光利用以前の結果でも，NR の

結晶化（SIC）が引裂き破壊のもととなるクラック（crack, き裂）の成長を阻止すると考えられていた．事実，シンクロトロン放射光を利用した SIC の時分割 WAXD 測定の初期から，多くの研究者が注目したのは NR の引裂き強さと疲労特性である[155～165]．両者ともに「実用的に極めて重要な特性」であるから，現象論的なテクニカルレポートを含めると莫大な数の関連論文がある．本書ではそれらのレビューを行うのではなく，構造的かつ機能的な見地からテンプレート結晶化にかかわる結果をいくつか紹介する．これら知見は力学的挙動をより理解するための基礎となり，複雑ではあるが重要な問題への科学的アプローチの確立に寄与することが期待される．

図 8.8 には厚み 1 mm の加硫 NR ノッチ試料の引裂き応力下の WAXD 測定を示す[154]．試料の横幅 8 mm は，ノッチの切り込み深さ（a_X）0.5–1 mm に比べて十分に大きいと考えられた．シンクロトロン放射光ビームの利用によりクラック成長の時分割測定が可能となった．

図 8.9 に得られた結果の一例を示す[155]．横軸の $X=0$ がノッチき裂の先端でき裂の成長が始まると 1 となり，$\lambda=1$（図 8.7 の初期状態）では結晶化していないから結晶化度は X に依存せず 0 となる（図示されていない）．変形が始まると成長するき裂先端近くで結晶化が進行し，ひずみ比 $\lambda=2.1$ を超えると結晶化が最大値 12% に達し，その最大値のプラトーの長さは急速に 0.3 mm となっ

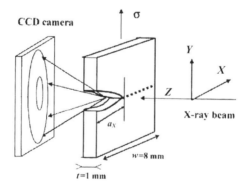

図 8.8　ノッチ NR 試料の引裂き応力下の時分割 WAXD 測定
　　　　a_X は X 軸方向のノッチ深さ，σ は Y 軸方向の応力，t は試料の厚み（Z 軸方向），W は試料の幅（Y 軸方向）である．き裂の先端が a_X にある初期が変形前の巨視的な引裂きひずみ比 $\lambda=1$ の状態である[155]．

8.3 天然ゴムの自己補強性

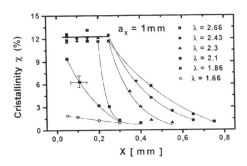

図 8.9 クラック先端部の結晶化度（χ）の変形ひずみ比（λ）依存性[155]

て，以後の結晶化は 0.3 mm 以降での結晶化度の増加となる．き裂先端から 0.3 mm までが 12% の結晶化度を示し，この結晶化度は一軸伸長における限界より小さい．通常のバルクに比べて，引裂き試験下試料の低い結晶化度は合理的である．一軸引張りにおいて，伸長比 3.5 程度でテンプレートすなわち伸びきり網目鎖が出現したことから，引裂きひずみ比 2.0 付近までに先端部付近では伸長比 3.5 まで変形するローカルな領域が現れ，テンプレートが生成し結晶化が開始されたものと解釈できる．この解釈は，小角中性子散乱（small-angle neutron scattering：SANS）によって最終的に確認された加硫ゴムにおける架橋構造の不均一性により[166〜168]，動的かつ複雑な変形下でも一軸伸長で明確に認められるような伸びきり鎖が出現する可能性があることとも照応している．すなわち，運転中の車のタイヤゴムのように動的変形下にあっても，き裂先端部で瞬間的かつローカルに微小部位でテンプレート生成による結晶化が起こり，

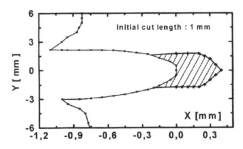

図 8.10 ノッチ 1 mm の試料におけるき裂先端部の結晶化変形領域[155]

クラック成長を遅らせる効果が発現すると推定できる．収縮により微結晶が融解してもとのゴム状態に戻る可逆性も，次項に述べる疲労寿命に関して重要な点である．

測定の結果から結晶化度極大の領域を推定すれば図 8.10 の斜線部のように示される．き裂成長の方向に沿って 3 mm 足らずの幅（Y 軸方向）の結晶化変形領域が形成され，テンプレート結晶化がき裂成長の阻止に有効に作用すると考えられる．

8.3.3 疲労特性

あらゆる材料[5, 6, 169]にとって破壊（fracture），特に疲労破壊（動的な繰り返し使用による破壊；以下，疲労，fatigue）の重要性はいうまでもない[170]．疲労に至るまでの使用可能時間，つまり寿命は単に「寿命は長いほどよい」のではなく，疲労寿命を推定してその値を「保証できる」ことが技術的・社会的に最重要課題となる．セラミックスや金属材料をはじめとしてポリマー分野での破壊力学（fracture mechanics）の確立は，こうした要請に応えるものであった[153, 171]．この破壊力学の出発点となったのは Griffith の無機ガラスの研究であった[172]．彼は力学的強度の形状・サイズ依存性が特に大きいガラスに着目して研究を進めた．ガラスは硬く丈夫そうでありながら割れやすい典型的な脆性（brittle）材料で，延性（ductile）に富む金属材料と対照的である．

ガラス中に長さ l の楕円形の空孔があるモデルを仮定する．この空孔は材料とその製造法，さらに加工法などの不完全さに基づく構造的な欠陥であり，少なくとも意図的に導入されたものと考える必要はない．Griffith は長さ l を次のように導出した．

$$l = 4\,S\,E/\pi\,\sigma_0^2 \tag{8.2}$$

ここで σ_0 は破壊応力で，この楕円形空孔の長軸に垂直方向の応力分布は別に計算され，単位厚みのガラスのひずみエネルギーは空孔の存在によって $\pi l^2 \sigma_0^2/4E$ に減少すると計算された．ここで E はヤング率である．この減少は空孔が dl 長くなって新たに表面積が拡大したものとして，表面張力 S を用いて長さ l が式 (8.2) と計算された．この式から種々のガラスについて破壊応力 σ_0 を測定し，空孔の長さ l は数 μm〜数十 μm と推定された．押出し成型（extrusion）により

製造されたガラス繊維は,楕円空孔の長軸が押出し方向に平行に配列するので,繊維の伸長下で空孔の成長が阻止されて伸長方向の弾性率や強度が理論値に近く高い値となることなどが,空孔や欠陥部のモデルから合理的に説明されるので,この考え方が破壊の解析に有効であることが広く認められるようになって破壊力学の成立に貢献した.

ゴムへの破壊力学は,A. G. Thomas らによりゴムの引裂き破壊挙動に適用されて大きな反響を呼び[173],以後,多くの論文が発表されてきた.しかしながら,延性を特徴とする金属,際立った脆性を示すセラミックスとは異なり,ゴム状態とゴム弾性を特徴とするゴムの分野は,標準的な破壊力学的取扱いがいまだ十分には成果を挙げていない領域であることも事実であろう.図 8.10 は実験結果であり,き裂先端におけるテンプレート結晶化によって引裂き速さを遅延させる効果を考えることは十分に合理的であるが,疲労の機構的な決着には至っていない.ゴム試料についての破壊力学的考察については,さらなる前進が必要と思われる.

例えば,アモルファス性の点で典型的な材料である SBR の破壊挙動は,ガラス転移温度(T_g)を基準点として Smith により破壊包絡線(failure envelope)と命名された 1 本のパラボラ曲線に集約されている[174〜176].ゴムに独特なこの破壊包絡線の概念は,レオロジー的な時間-温度換算則に基づくものと考えられていて[153],結晶性を示さないゴムに対して有効である.加硫ゴムが加硫試薬やフィラーなど多くの異物を含むにもかかわらず,Griffith 流の欠陥,空孔,異物界面などからの破壊を考える理論の典型的な成功例ではない点は,皮肉ともいうべきか実に興味深いことである.テンプレート結晶化による NR のユニークな自己補強性の強度や破壊に関する解析は,アモルファスゴムにのみ適用できる点でユニークな Smith の破壊包絡線の概念ではなく,むしろ破壊力学が適用可能で,材料力学の本流にあるのかもしれない.

ほかの材料には見られないゴムの大きな変形と,繰り返し応力下でのゴム弾性の利用を実用機能としている点から明らかなように,変形の動的な性格から疲労寿命は特に重要な特性である.しかしながら,例えば大変形が可能であるから,疲労試験における変形範囲の設定と周波数が多様になることは避け難い.試験条件としては,当然のことながら,実際に使用される製品の使用条件を考

慮して，制限された変形範囲や速度で実施されるのがふつうであるから，莫大な量の試験データがあるにもかかわらず，ゴム材料としての一般的な挙動の解明にはつながっていない状況がある．さらに，実用ゴムはほとんどが補強性フィラーとの複合体であるから，フィラーの疲労への寄与とゴム自身の要因とを分離することが，一般的には困難である．ゴム工業においては，フィラーを配合しない実用品はほぼ絶無であり，純ゴム配合とフィラー配合の疲労試験を並行して行った結果は，絶無ではないとしても極めて限られているからである．そのような状況下でも，NR がゴムとして優秀な疲労特性を示すこと，そしてその理由として伸長結晶化と収縮時の結晶融解が想定されてきたことは，引張り特性や引裂き特性と全く同様の経過である．

そうした中で，シンクロトロン放射光の利用以前に，疲労試験装置を工夫して X 線測定を行った Kawai らの研究は特筆に値する[177,178]．ここで変形範囲は $\gamma_{min}=3.5, \gamma_{max}=4.5$ に設定され（γ は伸長比である），10^5 回の繰り返し変形で結晶化を示す（120）ピークを認め，また，周波数を 0.1 Hz から 10 Hz に増加させると結晶化度が低下する結果を報告している．シンクロトロン放射光の結果が公表された直後の文献 156 では，実用配合を意識して表 8.1 の配合により CB 配合の加硫 NR を試料として，疲労によるき裂成長が検討されている．円柱状試料の表面には，疲労試験に先立って繰り返し変形させてき裂を発生させ，試験に供した．その観測には走査電子顕微鏡（scanning electron microscopy：SEM）を利用し，フラクトグラフィー（fractography）の手法により構造解析が行われた．図 8.11 に結果の一部を示す．き裂の先端部には長さ数百 μm の配向したリガメント（ligament）があり，楕円形の表面を囲んでいる（左図）．論

表 8.1 充てん系 NR の加硫配合(phr)[156]

天然ゴム（NR）	100
硫黄	3
促進剤	4
酸化亜鉛	9.85
ステアリン酸	3
カーボンブラック（CB）	34
オイル	3
抗酸化剤	2

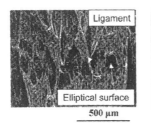 

図 8.11 き裂先端の SEM 写真[156]

文の著者らは，これら高配向したリガメントは伸長結晶化した領域と解釈している．リガメントの存在はかなり以前から認められてきたが，NR においてはそれが SIC によるものと同定されたわけである．さらに倍率を上げると楕円形の平滑な領域表面に数十 μm 大のミクロクラックがリガメント配向の垂直方向に認められ，高倍率では酸化亜鉛が検出された（右図）．さらに電子線照射によるミクロ切断法を用いて空孔（cavity）を観測し，ミクロクラックの合体によるき裂の成長を確認している．

この cavitation（2.5.2 項参照）生成の詳細は不明であるが，論文では酸化亜鉛の存在と関係していると推定され，cavitation が SIC，つまりはテンプレート結晶化と競合していると主張している[156]．この点は，2.5.2 項に解説したフィラー充てんによる cavitation とフィラーの補強作用との競合と共通点もあり，テンプレート結晶化の機構解明によってさらに解明の前進が期待できよう．

これらの結果から，

(1) 引裂き変形下でのき裂先端における結晶化リガメントの存在は，強度的に弱い楕円領域を強化していること
(2) 酸化亜鉛とゴムマトリックスの接着不十分さによると思われる cavity がき裂先端で楕円領域の破壊を誘引していること

の2点が推定でき，文献 156 ではき裂成長の機構が提案されている．機構の詳細は原報を参照いただくとして，テンプレート結晶化による NR の自己補強性の疲労挙動における効果を解明するための第一歩がここに印されたように思われる．これら実験的アプローチとは別に，より単純化されたモデルにより，大型コンピュータを用いた大規模数値シミュレーションによる研究が発表され

た[179]．こうした研究を，実験結果の解釈のためのものと位置づけるのではなく，理論的な考察として独自に展開していく努力が必要ではなかろうか．対象となる「現象が複雑であればあるほど，大胆な単純化の必要性は高い」が，科学史・技術史の教えるところである．

8.3.4　天然ゴムにおける新たな機能性の発現

補強は基本的に力学特性であることはいうまでもない．ゴムの関連物性として，例えば摩擦・摩耗などにSICがどのような役割を演じているかなど，これからの課題が山積している．この分野での今後の展開からは目が離せない．しかし，NR架橋体のユニークなテンプレート結晶化と収縮時の迅速な融解挙動は，補強関連の力学特性以外にもさまざまな機能性をNRに付与している可能性がある．すなわち，テンプレート結晶化によって生成した微結晶の融解は，加熱によってではなく周辺に存在するゴム網目鎖（結晶化率は高々20%であることに注意）のエントロピー弾性力による収縮力によって融解する（後出のエラストカロリックの語源）もので，変形が保持される条件下では安定に存在する．この点に簡単に触れてから，NRのテンプレート結晶化と自己補強特性について総括したい．

図8.7で説明したようにNRの純ゴム架橋体の引張り-収縮サイクル曲線では，SBRのそれと異なり大きなヒステリシスロスを示した．これはNRにおけるテンプレート結晶化-結晶融解のサイクルに起因しており，同様のヒステリシスはワユーレやタンポポから採取されるNRでも実測されている[180,181]．そのさらなる応用の可能性の一つが，特に生体医用材料を念頭にポリウレタンなど種々のゴム弾性体が検討されている形状記憶ポリマー（shape-memory polymer：SMP）で，多くの総説がある[182,183]．*J. Polym. Sci. Part B, Polym. Phys.*は"Shaping Shape-Memory"と題する特別号で，NRをSMPとして検討した結果がレビューされている[184]．SMPとしては光照射や温度差の利用が多いので，NRの場合に応力場の適用が応用面でどのような分野でどんなレベルにあるかを明らかにする必要がある．形状記憶材料として先行している形状記憶合金の場合は，結晶型の可逆的変化が記憶機能のベースになっているが，架橋（形状記憶用としては通常より低度の架橋度）NRでは力学的外部場の下での伸長結

晶化-収縮融解の可逆性がベースとなっている．

　さらに，NR の SIC の温度依存性を生かした大きなエラストカロリック効果（elastocaloric effect）が認められ，形状記憶合金と比較しても有望な材料であるとする文献もある[185]．エラストカロリック効果はまだ訳語が確立していないが，常温付近での冷却システム用材料としての可能性も示唆されていて，今まで NR に出番があるとは考えられなかった分野で，NR の可能性が認められつつあることは確かであろう．それら応用展開のポテンシャルを最大限に生かすためにも，図 8.6 に示すテンプレート結晶化の素過程の解析が急務である．

　本章では NR のユニークな自己補強性を，SIC と収縮による融解の可逆性に基づいて解説を行った．特に，SIC の機構としてテンプレート結晶化を想定したが，この機構の確立に向けた提案を含めている．機構面ではヒステリシスを考えるうえで，収縮時の結晶融解プロセスの詳細を明らかにすることも，今後の課題である．架橋構造の不均質性と到達可能結晶化度の低さなどと関係して，ネットワーク系のユニークな可逆性と位置づけられる．最終節で簡単に触れた新しい機能性の実現にとっても機構の解明はますます重要となるであろう．

　しかしながら，テンプレート結晶化機構の検討に先立ってゴム関係研究者に必要なことは，すでに以前の文献での記述の繰り返しになるが，グッドイヤーによる加硫の発明の歴史的意味を再確認したうえで，NR 架橋体などの SIC（テンプレート結晶化）と LTC（低温結晶化，つまりは核生成支配）の区別にもっと注意を払うことである[5,6,92,93]．NR を中心にしたゴムの結晶化の総説として，ゴム関係研究者に広く読まれてきた ACS Rubber Division 発行の *Rubber Chem. Technol.* の総説特集号（例年，第三号が総説号）に掲載された文献 144 および文献 186 を見ると，両者が入り混じって解説されている．後者はシンクロトロン放射光を用いた SIC の X 線回折研究結果が現れる以前のものであるが，両者が整理されぬままにランダムと思えるような順序で説明されていて，「NR の結晶化」が現れる度に，SIC なのか LTC なのかを判断して読まなければならない．例えば，その結論となる最後の節は "Some Engineering Aspects" と題されており，おそらく多くのゴム技術者が最も注目して読むであろう部分で，その冒頭の文は次のようである．

'Crystallization can alter the properties of polyisoprenes because crystallites can enhance resistance to fracture and failure, *via* a natural reinforcing process.'

ゴム関係者であればこの"crystallization"は加硫 NR（と合成天然ゴム IR）の SIC のことと理解して読むであろうが，ゴムの学習を始めたばかり，あるいは他分野の研究者・技術者が LTC として読んだ場合には，かなりのトラブルの原因となる可能性がある．NR を利用する場合，LTC は貯蔵，加工のすべてのステップにおいてトラブルの原因となる可能性があり，架橋 NR であっても，静的な設置下での使用において特に冬季には注意が必要である[91, 92, 99, 111]．したがって，上記の引用文は「架橋された NR と IR の SIC」を主語とした文とすべきであった．細かなことではあるが，技術的な問題であるからこそ単なる誤解に留まらない可能性もあり，十分な注意が払われなければならない．

第 3 部文献

1) Kraus ed.（1965）. *Reinforcement of Elastomers*, Interscience Publishers, New York.
2) E. P. Plueddemann et al.（1979）. *Development in Rubber Technology-1*, A. Whelan et al. eds., Applied Science Publisher, London, p. 187.
3) A. Voet et al.（1997）. *Rubber Chem. Technol.*, **50**, 342.
4) J. B. Donnet et al.（2005）. *The science and Technology of Rubber*, 3rd ed., J. E. Mark et al. eds., Academic Press, San Diego, p. 367.
5) 池田裕子ら（2016）. ゴム科学―その現代的アプローチ―, 朝倉書店, 東京.
6) Y. Ikeda et al.（2017）. *Rubber Science : A Modern Approach*, Springer, Singapore.
7) S. Wolff（1979）. Effect of bis(3-triethoxisilylpropyl)tetrasulfide modified silicas in NR, A paper presented at the American Chemical Society Meeting, September, Washington, D.C., Paper No. 20.
8) A. S. Hashim et al.（1998）. *Rubber Chem. Technol.*, **71**, 289.
9) H. Dohi et al.（2007）. *Langmuir*, **23**, 12344.
10) R. Rauline,（to Compagnie Generale des Establissements Michelin）(1993, 1995). US 5227425, EP 0501227.
11) 作花済夫（1988）. ゾル–ゲル法の科学―機能性ガラスおよびセラミックスの低温合成, アグネ承風社, 東京.
12) A. Kato et al.（2017）. *Progress in Rubber Nanocomposites*, S. Thomas eds., Woodhead/Elsevier, Duxford, Ch. 12, p. 415.
13) J. E. Mark et al.（1982）. *Makromol. Chem. Rapid Commun.*, **3**, 681.
14) 鞠谷信三ら（1994）. 日本ゴム協会誌, **67**, 859.
15) S. Kohjiya et al.（2000）. *Rubber Chem. Technol.*, **73**, 534.
16) Y. Ikeda et al.（1997）. *J. Mater. Chem.*, **7**, 455.
17) Y. Ikeda et al.（1997）. *J. Mater. Chem.*, **7**, 1497.
18) H. Tanahashi et al.（1998）. *Rubber Chem. Technol.*, **71**, 38.
19) K. Murakami et al.（1999）. *Rubber Chem. Technol.*, **72**, 119.
20) 鞠谷信三ら（1996）. 日本ゴム協会誌, **69**, 442.
21) Y. Ikeda et al.（1997）. *Polymer*, **38**, 4417.
22) M. Sugiya et al.（1997）. *Kautsch. Gummi Kunstst.*, **50**, 538.
23) A. S. Hashim et al.（1995）. *J. Sol-Gel Sci. Technol.*, **5**, 211.
24) A. S. Hashim et al.（1995）. *Polym. Int.*, **38**, 111.
25) Y. Ikeda et al.（2007）. *J. Appl. Crystallogr.*, **40**, s549.
26) T. Ohashi et al.（2017）. *Polym. Int.*, **66**(2), 250.
27) 池田裕子（2011）. 繊維学会誌, **67**(2), 43.
28) Y. Rharbi et al.（1999）. *Europhys. Lett.*, **46**, 472.
29) Y. Shinohara et al.（2005）. *SPring-8 Research Frontiers 2004*, 88.
30) S. Kohjiya et al.（2001）. *Rubber Chem. Technol.*, **74**, 16.
31) Y. Ikeda et al.（2004）. *J. Sol-Gel Sci. Technol.*, **31**, 137.
32) S. Poompradub et al.（2005）. *Chem. Lett.*, **34**, 672.
33) Y. Ikeda et al.（2008）. *J. Sol-Gel Sci. Technol.*, **45**, 299.

34) 池田裕子（2008）．接着，**44**(3)，111.
35) E. Miloskovska et al.（2014）．*Macromolecules*, **47**, 5174.
36) 吉海和正ら（1996）．日本ゴム協会誌，**69**，485.
37) A. Tohsan et al.（2012）．*Polym. Adv. Technol.*, **23**, 1335.
38) Y. Ikeda et al.（2014）．*Colloid Polym. Sci.*, **292**, 567.
39) A. Tohsan et al.（2015）．*Colloid Polym. Sci.*, **293**, 2083.
40) 一方井誠治（2008）．低炭素化社会の日本の選択，岩波書店，東京.
41) 牧浦雅仁（1988）．日本ゴム協会誌，**71**，583.
42) W. G. Glasser et al.（1989）．*Lignin : properties and materials, ACS Symposium Series 397*, American Chemical Society, Washington DC.
43) 三川 礼ら（1960）．合成ゴムハンドブック，神原 周ら編，朝倉書店，東京，p. 332.
44) S. Yamashita et al.（1989）．*Wood Processing and Utilization*, J. F. Kennedy et al. eds., Ellis Horwood, Chichester, p. 187.
45) H. Chung et al.（2012）．*green. materials*, **1**, 137.
46) R. Orlando et al.（1994）．*Tappi. J.*, **77**, 123.
47) K. Amel et al.（2003）．*Cem. Concr. Res.*, **33**, 995.
48) A. Nadif et al.（2002）．*Bioresour. Technol.*, **84**, 49.
49) A. Gandini et al.（2008）．*Monomers, Oligomers, Polymers and Composites from Renewable Resources*, M. N. Belgacem et al. eds., Elsevier, Oxford, p. 243.
50) G. Gellerstedt et al.（2013）．*Integrated Forest Biorefineries*, L. P. Christopher ed., RSC Publishing, Cambridge, p. 180.
51) Searching engine : *Scifinder*, Key words : Rubber/Lignin/Composite.（2018 年 4 月 11 日検索）.
52) A. J. Ragauskas et al.（2014）．*Science*, **344**, 1246843.
53) J. Lora（2008）．*Monomers, Polymers and Composites from Renewable Resources*, M. N. Belgacem et al. eds., Elsevier, Oxford, p. 225.
54) A. Duval et al.（2014）．*React. Funct. Polym.*, **85**, 78.
55) J. J. Keilen et al.（1947）．*Ind. Eng. Chem.*, **39**, 480.
56) I. Sagajllo（1957）．*Rubber Chem. Technol.*, **30**, 639.
57) M. G. Kumaran et al.（1978）．*J. Appl. Polym. Sci.*, **22**, 1885.
58) B. Košíková et al.（2007）．*J. Appl. Polym. Sci.*, **103**, 1226.
59) C. Jiang et al.（2013）．*eXPRESS Polym. Lett.*, **7**, 480.
60) T. Phakkeeree et al.（2009）．PACCON2009 Abstracts（Phitsanulok, Thailand；Jan. 14-16, 2009）, Lecture no. S10-OR-8, p. 93.
61) K. Pal et al.（2011）．*Recent Advances in Elastomeric Nanocomposites*, V. Mittal et al. eds., Springer, Berlin, p. 201.
62) T. Phakkeeree et al.（2016）．*J. Fiber Sci. Technol.*, **72**, 160.
63) Y. Ikeda et al.（2017）．*RSC Adv.*, **7**, 5222.
64) World Commission on Environment and Development（1987）．*Our Common Future*, Oxford University Press, Oxford.
65) R. Hoefer ed.（2009）．*Sustainable Solutions for Modern Economics*, RSC Publishing, Cambridge.
66) P. H. Geil（1963）．*Polymer Single Crystals*, John Wiley & Sons, New York.

67) J. M. ザイマン著，米澤富美子ら訳（1982）．乱れの物理学，丸善，東京．[原本の英文書は 1979 年に出版された．]
68) W. H. Zachariasen (1932). *J. Am. Chem. Soc.*, **54**, 3841.
69) 作花済夫（1983）．アモルファス，共立出版，東京．
70) S. R. Elliott (1983). *Physics of Amorphous Materials*, 2nd ed., Longman, Harlow.
71) F. W. Billmeyer, Jr. (1984). *Textbook of Polymer Science*, 3rd ed., John Wiley & Sons, New York, p. 283.
72) D. C. Bassett (1981). *Principles of Polymer Morphology*, Cambridge University Press, Cambridge.
73) S. Onogi et al. (1970). *Macromolecules*, **3**, 109.
74) P. J. Flory (1953). *Principles of Polymer Chemistry*, Cornell University Press, Ithaca.
75) L. R. G. Treloar (1975). *The Physics of Rubber Elasticity*, 3rd ed., Clarendon Press, Oxford.
76) H. Staudinger (1960). *Die Hochmolekularen Organischen Verbindungen —Kautschuk und Cellulose—*, Springer Verlag, Berlin. [Original edition was published in 1932.]
77) H. Staudinger (1961). *Arbeitserrinerungen*, Dr. Alfred Hüthig Verlag, Heidelberg.
78) H. Mark et al. eds. (1940). *Collected Papers of Wallace Hume Carothers on the High Polymeric Substances*, Interscience, New York.
79) Y. Furukawa (1998). *Inventing Polymer Science : Staudinger, Carothers, and the Emergence of Macromolecular Chemistry*, University of Pennsylvania Press, Philadelphia.
80) 湯浅光朝（1950）．解説科学文化史年表，中央公論社，東京．
81) 鞠谷信三（2007）．高分子，**56**，12．
82) Y. Tanaka (2001). *Rubber Chem. Technol.*, **74**, 355.
83) こうじや信三（2015）．日本ゴム協会誌，**88**，18 & 93．
84) Y. Ikeda et al. (2015). *Renewed Consideration on Natural Rubber Yielding Plants: A Sustainable Development Standpoint*, in *Sustainable Development: Processes, Challenges and Prospects*, D. Reyes ed., Nova Science Publishers, New York, Ch. 3.
85) L. Mandelkern (1994). *Rubber Chem. Technol.*, **66**, G61.
86) L. Mandelkern (2002 & 2004). *Crystallization of Polymers*, Vols. 1 & 2, 2nd ed., Cambridge University Press, New York. [The first edition was published in 1964.]
87) A. N. Gent (1954). *Trans. Faraday Soc.*, **50**, 521.
88) A. N. Gent (1965). *J. Polym. Sci., A-2*, **3**, 3787.
89) A. N. Gent (1966). *J. Polym. Sci., A-2*, **4**, 447.
90) H.-G. Kim et al. (1968). *J. Polym. Sci., A-2*, **6**, 181.
91) S. Kohjiya et al. (2017). *Crystallization of Natural Rubber*, Paper presented at the 191st Technical Meeting of Rubber Division, American Chemical Society, Beachwood, OH, 25-27 April 2017.
92) S. Kohjiya et al. (2017). *Kautsch. Gummi Kunstst.*, **10**, 38-48.
93) P. Junkong et al. (2017). *RSC Adv.*, **7**, 50739. [See the supplement：doi：1039/c7ra08554k]
94) 鞠谷信三ら（2017）．第 28 回エラストマー討論会講演要旨集，p. 189．
95) 鞠谷信三ら（2018）．日本ゴム協会年次大会研究発表会講演要旨集，p. 115．
96) L. A. Wood et al. (1946). *J. Res. Natl. Bur. Std.*, **36**, 489.
97) L. A. Wood et al. (1946). *J. Appl. Phys.*, **17**, 362.

98) L. Bateman ed. (1963). *The Chemistry and Physics of Rubber-Like Substances*, MacLaren & Sons, London.
99) A. D. Robert ed. (1988). *Natural Rubber Science and Technology*, Oxford University Press, Oxford.
100) C. O. Weber (1902). *The Chemistry of India Rubber, Including the Outlines of a Theory of Vulcanisation*, Charles Griffin and Co., London.
101) C. Goodyear (1855). *Gum-Elastic and Its Varieties, with a Detailed Account of Its Application and Uses and of the Discovery of Vulcanization*, Published for the author, New Haven.
102) B. K. Peirce (1866). *Trials of an Inventor : Life and Discoveries of Charles Goodyear*. Reprinted from the 1866 edition by University Press of the Pacific, Honolulu in 2003.
103) A. C. Regli (1941). *Rubber's Goodyear : The Story of a Man's Perseverance*, Julian Messner, New York.
104) R. Corman (2002). *The Goodyear Story : An Inventor's Obsession and the Struggle for a Rubber Monopoly*, Encounter Books, San Francisco.
105) C. Slack (2002). *Noble Obsession : Charles Goodyear, Thomas Hancock, and the Race to Unlock the Greatest Industrial Secret of the Nineteenth Century*, Hyperion, New York.
106) 粕谷信三 (2001). 高分子, **50**, 263.
107) 斎藤信彦 (1958). 高分子物理学, 裳華房, 東京, p. 298.
108) A. Stevenson et al. (2001). *Engineering with Rubber : How to Design Rubber Compounds*, 2nd ed., A. G. Gent ed., Hanser, Munich, p. 192.
109) R. G. Alberstein et al. (2018). *Nature*, **556**, 41.
110) R. Burfield (1984). *Polymer*, **25**, 1823.
111) S. Hashizume et al. (2018). *Peculiar Behavior of Natural Rubber in the Mixing Process*, TechnoBiz, Bangkok.
112) 橋爪慎治 (1990). 日本ゴム協会誌, **63**, 71.
113) J. R. Katz (1925). *Naturwissenschaften*, **13**, 410 & 900 .
114) J. R. Katz (1925). *Kolloid Z.*, **36**, 300 & **37**, 19.
115) H. Morawetz (1985). *Polymers : The Origins and Growth of a Science*, John Wiley & Sons, New York.
116) J. E. Mark et al. eds. (1992). *Elastomeric Polymer Networks*, Prentice Hall, Englewood Cliffs.
117) B. N. Zimmerman ed. (1989). *Vignettes from the International Rubber Science Hall of Fame (1958-1988) : 36 Major Contributors to Rubber Science*, Rubber Division, American Chemical Society, Akron.
118) N. Okui et al. (2007). *Progress in Understanding of Polymer Crystallization*, G. Reiter et al. eds., Springer, Berlin, Ch. 19.
119) A. J. Pennings (1977). *J. Polym. Sci.*, **59**, 55.
120) E. H. Andrews (1964). *Proc. Roy. Soc.*, **A277**, 562.
121) E. H. Andrews et al. (1972). *Rubber Chem. Technol.*, **45**, 1315.
122) P. J. Philips et al. (1987). *Macromolecules*, **20**, 2138.
123) T. Shimizu et al. (1998). *Materials Science Research International*, **4**, 117.
124) M. Tsuji et al. (1999). *Polym. J.*, **31**, 784.

125) M. Tsuji et al.（2000）. *Polym. J.*, **32**, 505.
126) T. Shimizu et al.（2000）. *Rubber Chem. Technol.*, **73**, 926.
127) K. Urayama et al.（1996）. *J. Chem. Phys.*, **104**, 3352.
128) K. Urayama et al.（1996）. *J. Chem. Phys.*, **105**, 4833.
129) W. W. Graessley（2008）. *Polymeric Liquids and Networks Dynamics and Rheology*, Garland Science, London.
130) C. M. Roland（2011）. *Viscoelastic Behavior of Rubbery Materials*, Oxford University Press, Oxford.
131) W. Feller（1960）. *An Introduction to Probability Theory and Its Applications*, Modern Asia Edition, Charles E. Tuttle, Tokyo.
132) S. Murakami et al.（2002）. *Polymer*, **43**, 2117.
133) M. Tosaka et al.（2004）. *Rubber Chem. Technol.*, **77**, 711.
134) M. Tosaka et al.（2004）. *Macromolecules*, **37**, 3299.
135) S. Poompradub et al.（2005）. *J. Appl. Phys.*, **97**, 103529.
136) Y. Ikeda et al.（2007）. *Polymer*, **48**, 1171.
137) S. Kohjiya et al.（2007）. *Polymer*, **48**, 3801.
138) M. Tosaka et al.（2007）. *J. Appl. Phys.*, **101**, 84909.
139) Y. Ikeda et al.（2008）. *Macromolecules*, **41**, 5876.
140) 池田裕子ら（2011）. 日本レオロジー学会誌, **36**, 9.
141) 池田裕子（2011）. 日本ゴム協会誌, **84**, 29.
142) 池田裕子（2011）. 繊維学会誌, **67**, 43.
143) S. Toki（2014）. *The Effect of Strain-Induced Crystallization（SIC）on the Mechanical Properties of Natural Rubber（NR）*, in *Chemistry, Manufacture and Applications of Natural Rubber*, S. Kohjiya et al. eds., Woodhead/Elsevier, Cambridge, Ch. 5（Fig. 5.17）.
144) B. Huneau（2011）. *Rubber Chem. Technol.*, **84**, 425.
145) K. Brüning et al.（2012）. *Macromolecules*, **45**, 7914.
146) K. Brüning（2014）. *In-situ Structure Characterization of Elastomers during Deformation and Fracture : Doctoral Thesis accepted by Technische University Dresden, Germany*, Springer, Cham.
147) K. Brüning et al.（2015）. *Polymer*, **72**, 52.
148) 高分子学会編（1988）. 新版高分子辞典，朝倉書店，東京，p. 19.
149) R. B. Merrifield（1963）. *J. Am. Chem. Soc.*, **85**, 2149.
150) L. M. Gierasch（2006）. *Biopolymers*, **84**, 433.
151) L. Mandelkern（2004）. *Biophys. Chem.*, **112**,（2-3）, 109.
152) 日本ゴム協会編（2002）. 新版 ゴム技術の基礎（改訂版），東京.
153) A. J. Kinloch et al.（1983）. *Fracture Behaviour of Polymers*, Elsevier Applied Science, London.
154) J. A. C. Harwood et al.（1968）. *J. Appl. Polym. Sci.*, **12**, 889.
155) S. Trabelsi et al.（2002）. *Macromolecules*, **35**, 10054.
156) J.-B. Le Cam et al.（2004）. *Macromolecules*, **37**, 5011.
157) J.-B. Le Cam et al.（2008）. *Macromolecules*, **41**, 7579.
158) H. Zhang et al.（2012）. *Macromolecules*, **45**, 1529.
159) P. Rublon et al.（2013）. *J. Synchrotron Rad.*, **20**, 105.

160) S. Beurrot-Borgarino et al. (2013). *Int. J. Fatigue*, **47**, 1.
161) K. Bruening et al. (2013). *Polymer*, **54**, 6200.
162) B. Huneau et al. (2016). *Rubber Chem. Technol.*, **89**, 126.
163) S. Sun et al. (2016). *ACS Macro Lett.*, **5**, 839.
164) W. Mars (2017). *Measuring the Durability Benefit of Strain-Induced Crystallization via Crack Arrest Experiments*, Paper presented at the 191st Technical Meeting of Rubber Division, American Chemical Society, Beachwood, OH, 25-27 April 2017.
165) C. Creton et al. (2017). *Structure of Field Natural Rubber Near the Tip of a Fatigue Crack*, Paper presented at the 191st Technical Meeting of Rubber Division, American Chemical Society, Beachwood, OH, 25-27 April 2017.
166) T. Karino et al. (2007). *Biomacromolecules*, **8**, 693.
167) Y. Ikeda et al. (2009). *Macromolecules*, **42**, 2741.
168) T. Suzuki et al. (2010). *Macromolecules*, **43**, 1556.
169) W. Gonzalez-Vinas et al. (2004). *An Introduction to Materials Science*, Princeton University Press, Princeton.
170) S. P. Timoshenko (1983). *History of Strength of Materials*, Dover, New York.
171) J. G. Williams (1984). *Fracture Mechanics of Polymers*, Ellis Horwood, Chichester.
172) A. A. Griffith (1920). *Phil. Trans. Roy. Soc.*, **A221**, 163.
173) R. S. Rivlin et al. (1953). *J. Polym. Sci.*, **10**, 291.［以後，10年を越えて十数報の論文が出版されている．］
174) T. L. Smith (1963). *J. Polym. Sci.*, **A1**, 3597.
175) T. L. Smith (1964). *J. Appl. Phys.*, **35**, 27.
176) T. L. Smith (1965). *Polym. Eng. Sci.*, **5**, 270.
177) H. Hiratsuka et al. (1973). *J. Macromol. Sci., Phys.*, **8**, 101.
178) H. Kawai (1975). *Rheol. Acta*, **14**, 27.
179) N. Sakumichi et al. (2017). *Sci. Rep.*, **7**, 8065.
180) Y. Ikeda et al. (2016). *RSC Adv.*, **8**, 95601.
181) P. Junkong et al. (2017). *RSC. Adv.*, **7**, 50739.
182) M. Behl et al. (2007). *Materials Today*, **10**(4), 20.
183) F. Pilate et al. (2016). *Eur. Polym. J.*, **80**, 268.
184) F. Katzenberg et al. (2016). *J. Polym. Sci., Part B : Polym. Phys.*, **54**, 1381.
185) Z. Xie et al. (2017). *Phys. Lett. A*, **381**, 2112.
186) J. H. Magill (1995). *Rubber Chem. Technol.*, **68**, 507.

人類の持続的発展とゴムの補強

9 ソフトマテリアルとしてのゴム系ナノコンポジットの将来

9 ソフトマテリアルとしての ゴム系ナノコンポジットの将来

9.1　グローバリゼーションと持続的発展：技術をめぐる歴史的背景

9.1.1　グローバリゼーション：交通化と情報化

　グローブ（globe, 地球, 球体）を語源とするグローバル（global）／グローバリゼーション（globalization）は，全地球的な（世界的な）／全地球化（世界化）と翻訳されることなくカタカナ書きで広く用いられるようになった．グローバリゼーションのトレンド（trend,「傾向」という意味のこの語も，翻訳せずにカタカナ書きで用いられる場合が多い）は正確に定義されることなく，その根拠も不明なままに，「逆らい難い時代の風潮・流れ」として受け止められている場合が多い．しかし科学的な考察にあたっては，何らかのかたちでの定義が必要であることは論を俟たない．

　筆者らは持続的発展（sustainable development：SD）を議論した際に，交通化と情報化をその主要な技術的内容として考察した[1~4]．SDとグローバリゼーションは全く異なる概念であるが，両者は技術の発展をその基盤とする社会的概念である点に共通項がある．グローバリゼーションは交通化と情報化をその主要な内容としており，歴史的には人類発生以来のトレンドであって[5]，人類発祥の地である東アフリカからおそらくは食糧を求めて，徒歩での移動により始まったプロセスである．それに対してSDは，技術の急速な（急速すぎる，と考えられた）発展への反省の気運が高まる中，ローマ・クラブからの「成長の限界—人類の苦境についてのレポート」の発表[6]を嚆矢として20世紀も後半になってから一般化した概念である[2~4, 7, 8]．したがって，長い歴史の中で特に最近になって，人類終末の危機を予測して提案されたグローバリゼーションの一

局面を SD として特徴づけたと解釈できる．

　文献 1〜8 における議論を基礎として，歴史的な立場からグローバリゼーションの展開を，その 2 つの基本因子，交通化（A）と情報化（B）の進行によって図 9.1 のように表示することが可能であろう．第 1 近似としてグローバリゼーションの進行を，図示した交通化と情報化の単純和として議論できると仮定する．両者は技術分野の概念であるが，技術学は自然科学に分類されるものではなく，広く社会に根差しており社会科学と深く関連する科学であるから[3,4]，この仮定は社会的に正当かつ重要な意味をもっている．

　第 2 近似として交通化の進行 A と情報化の進行 B を「革命的な」プロセスとして扱っている．すなわち，A では 18〜19 世紀に，B では 20〜21 世紀に革新的な技術の展開（technological innovation）があって，A と B の時間軸に対する勾配が大きく立ち上がった．したがって，両者の勾配 a と b は微分値であるから不連続的に上昇し，その飛躍的な変化（α と β）はそれぞれ交通化革命，情

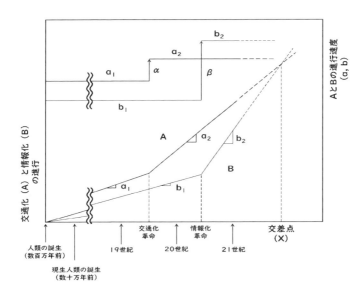

図 9.1 人類のグローバリゼーションを支えた技術的因子，交通化と情報化の歴史的展開
　　A は交通化，B は情報化の進行を，a, b は各々の進行速度つまり勾配（時間微分）を示し，添え字 1, 2 はそれぞれ革命前と革命後を意味する．$a_1 \rightarrow a_2$，$b_1 \rightarrow b_2$ の短期間での不連続な変化（$\alpha = a_2 - a_1$ と $\beta = b_2 - b_1$）は革命期に特徴的なものである．交差点（X）については本文を参照のこと．

報化革命と表現できる．図では便宜的に革命期を瞬時のものとして表現しているが全体の時間軸は数百万年であり，実際には数百年に及ぶ可能性がある．政治革命であるフランス革命はナポレオンの没落までとして二十数年であったので，政治革命に比較すれば長期間である．しかし，交通化革命に先行した産業革命はふつう100年を超えるとされるので，「革命」と称することも許されるであろう．

第3近似として通常期を「進化的なプロセス」という加速度的ではない発展の時期とし，革命以前は一定速度（勾配が一定）であるが革命以後はより高い値での一定速度（より大きな勾配が一定）で進行する新たな通常期として表示している．

科学と技術の発展については，歴史的にはかつてなかった目覚ましい技術の進歩に触発されて，科学革命と産業革命の概念が広く受け入れられている[1〜4,9〜11]．変化がほとんど無視できる平常期と，大きな変化が起こる革命期の連鎖である．このままいくと，第二次，第三次，第四次などの革命が次々と起こることになり，連続革命の様相を呈すことになる．革命はある状態が「急激に」変動することを表現するから，「連続革命」は適切な用語ではない．急速な発展が認められる技術革命期と，革命期よりは長期にわたる通常期を設定して，その期間は「進化」（ダーウィンの生物進化を援用した概念）として「勾配の」変化が近似的には無視できるプロセスであると考えることにする[12〜14]．図では直線で示したが，実際の進行はゆるやかな曲線状である可能性が高い．両者の考え方について材料科学に関する簡単な議論を行ったことがある[15]．科学革命についても革命本来の急激な変革としてニュートン力学の成長をもって終了する説と，それに続く第二，第三，第四の革命も含むとする説の2つの考え方について論争の書があり，技術を考察する際にも参考になる[16]．

この図はグローバリゼーションを定義するものではないが，その最も基本的な因子である交通化と情報化の進行によって，定性的ではあるがグローバリゼーションの歴史的な変化が示されているので，その概念を理解する一助となる．類人猿（ゴリラ，チンパンジー，オランウータンなど）から分化した二足歩行の人類（ヒト）の発生から数百万年の間に，人類は火の利用を習得したものの，移動に関しては荷を携えて徒歩するほかなかった．毛皮をまとわなくなっ

た人類の 2 本足による移動の意味は，マラソンに端的に現れているように，長距離移動を可能としたことであり，百獣の王ライオンは短距離走ではヒトに勝るが，2 時間を超えての全力疾走は論外である．数十万年前には現生人類（Homo sapiens）が現れ，氷河期を生き抜いた後には家畜の利用による馬車などが出現し，漕ぎ舟の進化は帆船をもたらし，馬車と帆船は近代初期まで広く利用されてきた．

　農業の始まり（新石器時代初期）は食品材料面での革命的な発展で農業革命と呼ばれることも多い．農業革命は馬車の大幅な増加によりその世界的な普及を可能としたが，農業そのものは交通化の本質的な形態を変えるものではなかった．その間に人類はほかの動物とは異なり言葉をつくり，そして古代初期には文字を発明する快挙を成し遂げ，その後も通信手段は着実に進化し，地域内あるいは領域内レベルでの情報交換を可能とした．しかし，より広い情報のグローバリゼーションの観点からは，近代初期の印刷技術の普及が特筆すべき出来事であった．

　交通化革命は基本的に産業革命の成果であり，蒸気機関の利用による汽車と汽船の普及は人と荷の地域と国を越えた大量移動を可能とし，自転車，自動車，バス，トラック，電車，飛行機などの参入と普及をもたらした．「産業革命」は今となっては誰もが知る名称であるが，これはエンゲルス（F. Engels, 1820-1895）が父の紡績工場があるマンチェスターに滞在中の 1844 年に執筆した「イギリスにおける労働階級の状態」[17, 18] で用いたもので，この書の普及とともに広まっていったと思われる．その後，1848 年のエンゲルスとマルクス（K. Marx, 1818-1883）共著の「共産党宣言」[19] では，産業革命とそれに伴う交通手段の急激な進歩について次のように述べられている．まず産業革命について

> 「ブルジョア階級は，彼等の百年にもみたない階級支配のうちに，過去の全ての世代を合計したよりも大量の，また大規模な生産諸力を作り出した．」

と，さらに

> 「かくも巨大な生産手段や交通手段を魔法で呼び出した近代的ブルジョア社会は，自分が呼び出した地下の悪魔をもはや制御できなくなった魔法使いに似ている．」

と，「交通化」を産業に限らず社会全体の急激な変化の主因と分析している．最

近の経済史書 "*Global Economic History*"[20] や歴史書 "*The Origin of the Modern World*"[21] でも，産業革命の記述は近代社会を特徴づける指標とされている．前者では「産業革命」が第3章におかれ，後者では第4章が "The Industrial Revolution and Its Consequences, 1750–1850" と題されて，近代社会の形成における産業革命の役割が具体的に論じられている．1850年以前の産業革命期の渦中にあってその歴史的意義を的確に指摘したエンゲルスとマルクスの卓見は高く評価されている（産業革命期は文献10では1760～1830年とされているが，終末は1850年あるいは1860年とする例が多い）．これらの示唆に従って，19世紀から20世紀にかけて交通化革命を設定することは合理的であろう．

交通化革命期を経て交通・運輸手段の高速な進化が日常的となった第2の通常期に入り，我々が住む現代社会が創り上げられた．一方，情報化は少し遅れ，印刷技術の普及の後は読み書きが大衆的なスキルとなり，19世紀には英国で郵便制度がスタートし，1ペンスの切手を貼って遠隔の相手との手紙のやりとりが，上層階級だけではなく庶民にも可能となった[1,2]．さらに，通信面での電信，電話，無線通信などの普及が20世紀におけるグローバリゼーションの革命的発展を支え，その後半におけるコンピュータの参入が情報化の流れを決定的なものとしたことは，現代社会の新しい局面である．ちなみに，ローマ・クラブのレポートはコンピュータを用いたシミュレーションによる未来予測を行ったものである SD 概念の一つの起源が情報化の発展に伴うものであったことは技術史上興味深い点であろう．

9.1.2　交通化と情報化の相互作用と人類の持続的発展

21世紀の今，交通化と情報化の急速な発展から交通化革命と情報化革命が継続中であるかのような状況が認められる．しかし，図9.1の右端に交差点（X）として示したように，交通化よりも高速で変化しつつある情報化が交通化といつか交差（クロス）することは，おそらく避けられない．現代社会が「情報化」社会に移行しつつあると言われ始めてから，すでに半世紀近くが経過した．身近なものとなったコンピュータの普及と，日常的なインターネット（「インターネット」，「コンピュータ」，「グローバリゼーション」，「トレンド」と，カタカナの氾濫も日本におけるグローバリゼーションの現れなのだろう）の利用は

我々にそれを実感させてくれる．しかし，情報化がすでに定常状態に達したとは考えられてはおらず，今も加速度的に進行中で交通化に迫っていると推定される．交通化社会から情報化社会への過渡期にある現在，どこかで両曲線の交差点（X）がありこれ自体も革命と呼ぶべき出来事になるのだろうか？ を考える必要があるだろう．それがいつになるのかいまだ明確ではないとしたら，過渡期にある今の社会全体はどう特徴づけられるのか？ という疑問が残る．この点を考えるうえで参考になる情報は数多いが，ここでは一昨年インターネット上に現れた日本の例を紹介する．

「100年後も生き残ると思う日本企業は？」と題するアンケートが行われ，その結果がインターネット上に公開された[22]．回答者が挙げた企業名の中でトップ10社の内訳は，自動車関連が3社（1, 2, 6位），鉄道関連が3社（3, 3, 9位），食品関連が3社（5, 7, 9位），残り1社は電気機器関連（8位）であった．アンケート方法を含めて詳細な記載がないので，情報関係の企業名がトップ10には現れなかったとしても11位から後に多く含まれていた可能性がある．しかし，情報化は始まって50年を経た今も進行中（しかもその初期段階？）であるため，22世紀となる100年後に行き着く先が見通せないと判断されて，情報関連企業はトップ10社には含まれなかったとも解釈できるだろう．食品会社が3社もトップ10に食い込んでいるのは，時代がどう変わろうとも人間にとって常に必需品だから，であろうか．

この結果で最も注目すべきは，自動車と鉄道会社がトップの10社中6社（内4社が上位4位までを占めている）と，交通・運輸関連企業が圧倒的な強みを発揮していることである．産業革命の中期に実用化された蒸気機関は，後期には汽車（蒸気機関車）や汽船として市民の交通機関となり，19世紀半ばからは社会的に広く「交通化」が急展開していった．古代文明以来3000年以上の歴史を有する馬車は一貫して特権階級のものであった．しかし，大量交通機関である鉄道網の広がりは長距離馬車による高価な長旅を不要とし，移動のためには荷物を担いで歩くしかなかった多くの人々の往来が盛んとなり，土地に縛られることなく生きてゆくことをも可能としたのである．そして，19世紀末に内燃機関を動力とする自動車が現れて，この「交通化」の傾向はさらに飛躍的に強まり，特に大都市では，馬車が瞬時といえるほど急速に姿を消した．20世紀初

頭，数千年の長期間にわたって唯一の乗り物であった馬車を，最終的に路上から駆逐したのは自動車であった[1~4]．

20世紀はじめにはさらに飛行機が現れて，交通化社会の全面的なそして全世界的な発展が開始された．交通化の普及と拡大は国境を越え，20世紀後半には「グローバリゼーション」が経済から文化に至る多くの分野における圧倒的な「トレンド」となった．この趨勢は21世紀になって減速するどころか，今なお加速過程にあるといってよい．当然のことながら，人々の，社会の，そして人間活動の，地域はおろか国境にも制限されないかに見える交通化の「非局在化」(delocalization)の進行は，移動や運輸手段の技術革新なくしてありえなかった[1~4]．近年，難民が世界的な社会問題として深刻さを増しつつあることは，その一つの結果とみるべきであろう．驚くべきことに，中東やアジアから米国を目指すルートとして次のような例がある．まず，飛行機でエクアドルのキトーに飛び，その後は陸路と水路をたどり（賄賂とチップを含めた支払い金額と通過地の交通事情により，徒歩，水泳，背負い，手押し車，カヌー，自動車，トラック，バス，鉄道などあらゆる交通手段が利用され），コロンビアを経て中米諸国の熱帯ジャングルと砂漠を横断してメキシコから国境を越える，という一見して遠回りでありながら，通過国ではビジネスとして成立している[23]（世界銀行によれば，このような地下経済活動による収益が，国によっては個人や海外からの投資額を上回っている可能性もある）．

数ある交通・運輸手段の中でも，20世紀そして21世紀における自動車，トラック，航空機の重要性はいうまでもない．交通化社会の，子供にもわかりやすい別名は「クルマ社会」なのだ．鉄道は大量輸送に適しているとはいえ，蒸気車から電車へと進化してもレール上を走る（しかない）ものである．一方，自動車は原始時代から古代，中世，近代を通じて拡大してきた道路上を走行するから，その自由度が世界的かつ爆発的な普及を可能としたこともうなずける．その「自由」がしばしば自動車事故の頻発など，社会的に大きい問題点ともなっていることは重要な留意点であり[1,2,24~28]，人類の持続的発展（SD）にとって緊急の課題となっている[1~4,29,30]．自動車を先鋒としたグローバリゼーションの圧倒的な勢いは自動車メーカーの合従連衡を余儀なくさせて，メーカー自身をも戸惑わせているかに見えるほど急速である．こうした世界的な交通化のトレ

ンドは21世紀末まで続く，と著者の一人（S.K.）は想定して交通化社会のあり方を論じた[1~4].

それらの考察では，交通化は今世紀末には情報化に席を譲って，「22世紀は情報化社会の時代」と想定していた．しかし，先のアンケート結果は，交通化社会が21世紀を越えて22世紀の半ばまで続く可能性を強く示唆している．さらに，地政学（geopolitics）的な立場から見るとグローバリゼーションの進行は，図9.2のように示される．この図に示す各地理的領域において，非局在化のステップは必ず逆方向の局在化の動きを伴っており，グローバリゼーションは非局在化と局在化を貫いて進行する動的なプロセスとして理解されるべきものである．

ここで，国家連合はEUのような国家の連合体であり，近代的な国家の成立で世界に先駆けた西ヨーロッパが，さらなるグローバリゼーションにおいても先駆けた実例である．しかし，EUの歩みは現時点では足踏みを余儀なくされている．国家レベルでの民族独立運動（national liberation movement）や民族自決権運動（national self-determination movement）が，21世紀の今も全世界的には圧倒的といえる多数派であり，近代的な意味での国家の形成がいまだ途上にある段階に留まっている．交通化と情報化の両面でのさらなる前進なしに，国家から全世界への非局在化の進行はあり得ないと考えられる．事実，グローバリゼーションがこれだけ叫ばれながら，国際連合（the United Nations）とは質的に異なる全国家を統合した世界政府を目指す運動は，平和と平等の実現を目指しながらもいまだ理念的なごく小数の意見に留まっている．その前にEUのような連合体のステップが必然性をもつのかどうか，また，国際連合の発展が世界政府の確立に貢献できる可能性はないのか，などの問題が山積しているのが現状であろう．

SDの観点からは図に示唆したように，上記の個人から世界への流れを考えるときにその逆方向への局在化（localization）の流れを「等しく」重視するこ

個人 — 地域 — 地方 — 国家 — 国家連合 — 世界

(individual) (area) (region) (nation) (allied nations) (globe)

図9.2 個人から世界まで非局在化と局在化を貫くグローバリゼーションの流れを示すスキーム

とが必須である．例えば，国際企業の肥大化とその企業数の増加に示される経済面でのグローバリゼーションの結果は，先進国のほとんどにおいて金利だけで豊かな生活が十分可能な上層部の人々と，それ以外の人々との収入とそれに連動する生活の格差拡大をもたらしている[31〜33]．トマ・ピケティの『21世紀の資本』が出版されてすぐに非常な評判を呼び，この種の専門書には珍しいことに一般読者の間でベストセラーとなったことはよく知られている．さらに出版直後に，それこそ間髪を入れずに批判の（評論や論文だけではなく）書物が続々と出版されたことも異常であった[34]．その社会的背景には，政治的なイデオロギーとしての新自由主義の圧倒的な「勢い」があるのかもしれない．ピケティが批判したのは，「新自由主義的経済」，「投機的金融資本経済」，「グローバル経済」などと呼ばれ，いまだ的確な呼称が与えられていない1980年代からの政治経済学だからである．さらにより根本的な純経済的の立場からすると，米国で今や大企業といえばGAFA（Google, Amazon, Facebook, Apple）のことを意味していることから，ビジネスモデルが根本的な転換期に入ったとも解釈できる．20世紀初頭に交通化において馬車が自動車に転換したのと類似した変化であり，21世紀初頭には情報化の分野で同じような転換期を迎えたのではなかろうか．

　この点から特に，IT関係のグローバル企業が工場などの恒久的施設をもたず，「物作り」企業に比べて実効税率が半分以下であるとされ，「デジタル税」の導入などが取り沙汰されている．ともあれその格差は国内の階層間と同時に，国家間の財政基盤の格差も拡大基調にあることが推定されている．その克服なしに，今後のグローバリゼーションの前進はありえないことを，ここに強調しておきたい．交通化も情報化も技術として当然のことながら経済的に規定されるものであるから，政治・経済と無関係に進行することはありえない点に，留意すべきである．

　関連して興味深いことに，冒頭でグローバリゼーションの始まりと述べた人類の発祥地東アフリカからの移動を，徒歩によって再現しようとする試みが現在進行中である．2013年1月に開始された徒歩の旅は，"Out of Eden Walk"と題されて月刊誌 *National Geographic* に連載中で，一番最近の6回目のレポート[35]では古のシルクロード（the silk road）をたどってサマルカンド（Samarqand）を通過したところである．この徒歩行は急激なグローバリゼーションの進行に

もかかわらず，ローカルな人々との対話を通じて古くからの言い伝え，伝統的な農業，手工業など生産活動，そして伝統行事の様子などを豊富な写真と合わせて生き生きと伝えている．ロバに荷を乗せての徒歩の旅だからこそ，行きかう人々との親密な対話が可能であった．南米の最南端マゼラン海峡への到着まで，出発前の予告にあった 10 年の予定に収まるのだろうか？ 約 6 万年前にアフリカを出た我々の祖先は約 1 万年前に南米先端に到達したとされているから，5 万年と比べれば超スピードの旅なのだろう．もっとも，5 万年は「旅行」期間ではなく，行く先々で多くの人々が定住を始めて生活し，その後に続いた人々が適地を求めてさらに先まで移動していくプロセスをおそらく数百回あるいは数千回繰り返して前進を続けた移動であったから，5 万年の移動期間は結果的には，想像以上に早く最終地点まで到達したと解釈することもできる．さらに，6 万年前からと述べた現生人類（*Homo sapiens*）の移動の波は第二波であって，十数万年前から 6 万年前に最初の大移動があったとされている．直立し，二足歩行の人類は，発生以来の猿人，原人，旧人，そして新人（現生人類，つまり *Homo sapiens*）を通じて，その生活がローカルであることとはまた別に，人類全体としてのグローバリゼーションのトレンドが絶えることはなかった．食欲が満たされた後に，ヒトは行きたいところへ「自由に」行けることを望むという．この性向はヒトの DNA に組み込まれた本能的なものなのかもしれない．

　以上の考察から，交通化と情報化は人類にとって本質的な技術によるものであり，それらを無視して人間社会が存在したことはないし，そもそもそれらなしに人類の進化はありえなかったといえる．目下，重大な社会問題となっている格差解消のためにも，交通化の進行は 21 世紀末以降さらに加速させる必要があり，情報化と相互作用しつつともに 22 世紀後半まで継続してゆく可能性がある．近い将来の転換期ともいえるこの大きな変化，すなわち交差点（X）前後の期間を「次の産業革命」期と位置づけることも不可能ではないかもしれない．文献 36 の著者は言う．

> 'The more technology advances in response to economic incentives rather than 'random' scientific discoveries, the more feasible it is to direct the course of technical progress to benefit more people.'

経済史学者である著者が，ここで科学における発見を「ランダム」と考えてい

る点については技術の立場から，次世代の技術が人類の持続的発展に沿うものであるべきという注釈が必要である．

情報化に関連していえば，人工知能（artificial intelligence：AI）の社会，経済への影響はまだ始まったばかりである．狭い意味での AI に留まらず，モノのインターネット（internet of thing：IoT），ロボットの一般化，ディープラーニング（deep learning, 深層学習），ビッグデータ，ブロックチェーン（分散型台帳）等々を含めた広義の AI の進化は，情報化の普及に拍車をかけるものであり，未来社会の考察に欠かせない因子となっている[37]．交通化と情報化の相互作用として，例えば，交通化社会にとって AI が大きな役割を果たすと期待され注目を集めている自動運転技術がある[3,4]（自動車は「自動運転車」のことであったはずだが？という疑問は言葉の問題として横に置く）．この技術は，究極的には，交通化の最大の問題というべき交通事故に対する最も根本的な解決策となる可能性をもっており，交通化（革命）の新段階をもたらす可能性が高い．しかし，「原子力の平和利用」の美名のもとに政治的に推進された原子力発電技術の場合に，スリーマイル島（1979 年），チェルノブイリ（1986 年）や福島原発（2011 年）の事故などの一大悲劇をもたらした教訓を忘れてはならない．すなわち，技術プロパーから見て未完成・未成熟な技術を，政治的，経済的，社会的要請の名目のもとで実用化を急がせるようなことはあってはならない[38~40]．交通化にとって重要な情報化との相互作用の具体例と考えられる自動運転については，9.3.1 項で詳細に述べることにする．

本書では第 8 章までに，100 年を超える歴史を有するカーボンブラック（CB）補強ゴムを中心に補強性フィラー配合ゴムと天然ゴム（NR）の自己補強性について，過去 100 年間の数多くの研究と開発の成果を踏まえながら，最新の到達点を解説した．本章の次節からは，22 世紀に継続する可能性を考慮しつつ，当面は 21 世紀末までを見通すべくゴム補強の将来に関連する簡単な考察を試みたい．

9.2　21 世紀におけるソフトマテリアル

コンピュータ用語のハード，ソフトが一般的に理解されるようになった現在，

「ソフトマテリアル」は注釈が必要な言葉かもしれない．情報技術学（information technology：IT）におけるソフトはソフトウェア（software）のことであり，IT ではデバイス（device，装置，仕掛け）はその材料を含めてすべてハード（hardware）になる．本質的には，ソフトにより大きな比重がありアルゴリズム（algorithm，計算手順）をプログラム言語で表現したものがソフトウェアである．IT 分野ではアルゴリズムは「問題解決の手法」と理解されている．一方，材料科学（materials science）における材料は種々のデバイスを作製する原料となるものであり，数千年の鉄器時代を通じて銅，鉄など硬い金属が主流であった．しかし，19 世紀から 20 世紀にかけて柔らかい材料（soft material，ソフトマテリアル）が求められるようになった．これと対照的に，伝統的な金属材料やセラミックスなどは strong solids と称されることがある．

　自動車用の空気圧入ゴムタイヤは，ソフトマテリアルであるゴムを用いて作製されたソフトデバイスの代表例である．世界に冠たる大英帝国のビクトリア女王であっても，鉄製のタイヤを装着した馬車での移動に際しては支援装置の助けを得ないと，快適であるどころか安全な移動すら困難であったろう．もっともゴムタイヤ馬車は，19 世紀末からの自動車の普及に先を越されてしまって，その出番はなかったが．自転車，自動車，トラック，バス，航空機の登場による交通化の進行はゴム工業の隆盛をもたらし，20 世紀におけるソフトマテリアルの時代を牽引してきたし，その趨勢は 21 世紀にも持続している．最近では，人類にとって有用な物質である材料としてのソフトマテリアルに留まらず[3,4]，物質一般についてソフトマター（soft matter）が学術用語として定着しつつある[41]．したがって後世の歴史書では，20 世紀後半から 21 世紀の前半は鉄器時代の終わりが始まった世紀として位置づけられるだろう．

　鉄器時代を終わらせる可能性をもった材料であるソフトマテリアルとして，どんな物質が挙げられるだろうか？本書で述べてきたゴムだけではなく繊維，プラスチックスなどポリマー一般を挙げる向きもある．力学的な柔軟さだけではなく，デバイス化した際の軽量化の因子を重要視した「ソフト」の解釈といえる．ただし，繊維は材料の形態であり，例えば鋼鉄であってもスチールコードであれば力学的柔軟さを発揮できるから，マトリックスとしてのポリマーとの複合化による材料などをソフトマテリアルの典型例の一つに分類できる．プ

ラスチック系複合材料，特に繊維補強プラスチックスがより一般に普及しているのに比べて，ゴム系複合材料は相対的に工業用品における比重が高い．例えば，前者の例としてスポーツ分野では棒高跳び競技のポールが挙げられる．従来の竹棒に代わって開発されたガラス繊維補強ポリマー（glass fiber reinforced plastics：GFRP）製の高跳び棒の採用は，世界記録を次々に更新させる原動力となった[42, 43]．図 9.3 は棒高跳びにおけるオリンピック記録の変化を示している[42]．木のポールから竹のポールへと，記録は順調な更新を続けてきたが，ガラス繊維複合体の採用によって記録が「高跳び」したことが明らかである．スポーツをはじめとした文化的な分野でのこれら新材料の利用については，一部で批判的な意見がないではないが，20 世紀からのこのトレンドは 21 世紀になっても衰えるどころか，強まっているのが実情であろう．

スチールラジアルタイヤはすでに製品化されて実績もあり，炭素繊維強化プラスチックスも金属に代わる候補として広がりを見せている．さらに，CNT やグラフェンなどのカーボンアロトロープもナノテクノロジー時代を担う先端材料として注目を集めている．補強の点からはナノチューブにより注目が集まり，ゴムとの複合体についての近年の論文数は雪崩的な増加傾向にあり，すでに総説も多数出版されている．複合化によるデバイス化が案外近いのかもしれない．しかし，補強だけではなく，今までにない機能，形態，特性をもつデバイスとしての開発は，グラフェンにより高い可能性が認められる．

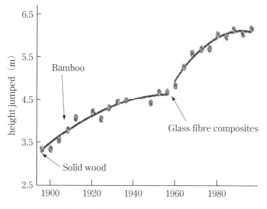

図 9.3　オリンピックにおける棒高跳び競技の高さ記録の変化[42]

ポリマー（高分子）よりもさらに以前からソフトマテリアルと認知されているのはコロイド（colloid）である．原子・分子の概念が確立した 19 世紀後半から 20 世紀初期にかけて，コロイドの次元は原子・分子より大きく，可視領域よりは小さいことが認識され，「失われた次元」とも称されてコロイド科学が活発に研究された．コロイド粒子の大きさは，マクロとミクロの中間領域にあるから，想定されたのは原子，分子，あるいは現在でいうところのナノ粒子の会合体であった．例えば，金コロイドは金のナノ粒子を分散させたものである．この配位結合による会合体の解釈は正当ではあったが，高分子科学にとっては不幸なことに，ポリマーが会合なしに 1 つの分子のみでコロイド性を示すことに異論が続出して，結果として高分子そのものが共有結合による巨大分子であることの認識が 1930 年代にまで遅れることとなった[3,4,44]．

コロイドは，金属器全盛時代には脚光を浴びていなかった非固体材料の一例である．高分子分野ではポリマーゲルと呼ばれる 3 次元化ポリマーの溶媒による膨潤体が活発に研究されていて，すでに製品化されている実例も少なくない．架橋体であるからゴムとの関係が密接に見えるが，ゴムの場合は架橋（加硫）によって明確に固体としての扱いが可能となるので，溶媒を含む膨潤体とは材料としての扱いが全く異なる．ゴムの分野では液体として NR ラテックス（latex）が古くから知られていて，NR の優れた弾性と柔軟さを利用した薄膜デバイス，例えばゴムチューブ，コンドームなどが長い歴史を有している．合成ゴム系ラテックス，例えば SBR ラテックスなどは SBR の前駆体としてではなく，ミクロスフェア（microsphere）と呼ばれ，コントロールされた粒径と粒径分布を利用して各種機能化合物の担体として，機能性デバイスへの展開がなされている．一部ではすでに実用化されていて，ソフトマテリアルとしてまだまだ将来が楽しみな材料である．合成ゴム系の場合，正しくはエマルション（emulsion，乳化液）あるいは分散のために乳化剤を利用しない場合にはサスペンション（suspension，懸濁液）と称すべきであるが，NR ラテックスが古くから知られていたことから，「ラテックス」が今も広く用いられている．

ゴム分野の枠をいったん外すと，液体のソフトマテリアルとして液晶（liquid crystal）も挙げなければならないし，さらに多種の物質群を成すバイオマテリアル（biomaterial）も重要な分野である．前者には液晶性エラストマー（liquid crystalline elastomer）があり，また後者では歯や骨を除いてほとんどがゴム弾性を示す材料であって，ゴムと重なる広い領域がある．ゴムの補強を主題とする本書では，それらの分野について詳しく解説することはできないが，本書で展開された「補強」の観点から液晶性エラストマーやバイオマテリアルを考えることは，将来において必要な科学的，技術的課題となるであろう．

前節に触れた持続的発展（SD）の観点から，従来の重要課題である材料・デバイスの疲労寿命に加えて，設計の段階から再利用，リサイクルについての配慮がますます重要さを増している．新規ソフトマテリアルの開発にあたっては，リサイクルの観点からの視点を生かすことが，人類の将来にとって大きな意義をもつ必須事項であることを，再度強調しておこう．

9.3　21世紀におけるゴム系ナノコンポジット

9.3.1　交通化とゴムの補強

グローバリゼーションのトレンドと人類社会の持続的発展（SD）の流れの中で，ソフトマテリアルとしてのゴム系ナノコンポジットは，21世紀においてどんな展開を見せるだろうか．本書で展開された補強機構の考え方は，ゴムをマトリックスとするナノフィラーとの新しい複合体の開発に貢献することが期待されよう．CBやシリカ粒子などのナノフィラーがネットワーク構造形成能を有することはかなり古くから想定されてきたが，その形成過程を含めて補強の詳細はこの20年間の研究成果で明らかになった．ゴム系複合体の高性能化にとって，機構の理解に基づく材料設計の合理的な推進が日常的な手法となることが必要であろう．勿論，全く新しい分野・領域において，試行の積み重ねが不要になることはないが，方法論的な考察により試行段階を突き抜ける努力が求められる．

本書で中心的に記述した，ゴムをマトリックスとするナノフィラー配合のゴム製品について，当然のことながら多くの課題がある．タイヤに関しては文献3,4のそれぞれ第5章を参照いただきたい．ランフラット（パンク）をなくすためのエアーレス・タイヤについては後に述べるが，そこまで先のことではなくとも，軽量化を目指したダウンサイジングや走行安定性を高める広幅（台形

化) タイヤ, ソリッドタイヤの高性能化, さらに航空機用などの大型タイヤでは10回を超えるリトレッドを可能にする, 等々多くの課題が残されている. また, ゴムの力学特性に留まらず, 例えば光学的性質などの一般的な物理的特性をも視野に収めてきたが, さらに新しい分野を開拓していくことも重要な課題である.

興味深いことに, ナノ粒子のネットワーク構造がポリマー複合体の可燃性を低下させるとする論文が発表されている[45]. ポリマーは通常可燃性であり, 難燃化の目的にはハロゲン系, リン系などの難燃化剤の添加が常法であるが, 燃焼(化学反応)の生成物による2次被害など深刻な問題も抱えている. この文献ではCNTのネットワーク構造形成によって, 力学的特性の向上と同時に, 燃焼性が低下することが示されており, 物理的特性のほかに化学的特性の改善にも有効な場合があることが示唆される. この観点から熱伝導を電気伝導に置き換えると, CBの混合がポリマーの導電性を向上させるという古くから知られている事実と発想に共通点がある.

21世紀のトレンドの一つに「脱炭素」がある. 地球温暖化対策のメインとされる脱石油, 脱石炭の動向に基づくものであるが, CB, フラーレン (fullerene), CNT, グラフェンなどのカーボンアロトロープはその例外となっている[46]. ゴムとのかかわりはCBに限定されてきた感もあり, CNTやグラフェンがゴムの補強分野でCBの占める位置を脅かすのはまだ少し先のことであろう. ここ数年の雪崩的な論文数の増加は今後, 機能性材料に関する分野などを含めてこれら炭素同素体とゴムのソフト複合体の開発競争の激化を予想させるものである. 興味深いことに, CB以外のカーボンアロトロープもゴムマトリックス中で3次元ネットワーク構造を形成することが報告されている[47~49]. 論文47はSBRにCBとグラフェンを配合した系, 論文48, 49はNR中Multiwalled CNTを化学変性させた試料の実例であるが, これらの結果は本書で記述したナノフィラーのネットワーク構造形成能が予想を超えて一般的なものであることを示唆している.

ゴムはマテリアルとしてデバイスの作製に用いられるのであるから, ゴム材料の最大の用途である自動車用のタイヤについて, それらの将来像のスケッチを始めよう. 交通化社会の進展の中で, 自動車, バス, トラック, そして航空

機の果たす役割がますます重要性を高めていくであろうことには疑問の余地はない．一方で地球温暖化の進行はすでに予断を許さないレベルに到達しつつあるから，ガソリン車，ディーゼル車に代わる自動車の動向にも注意しなければならない．

そして情報化が進む中，今世紀になってそれらの自動運転が改めて注目を集めている[3,4]．情報科学におけるブレイクスルーともいえるこの展開の推進力は，AIの進化であることは9.1節にも述べた．航空機における自動運転は巡航速度での水平飛行で，また鉄道においても貨物車輛などについて一部ではすでに実用化されている．それにならった開発が路面を走行する自動車についても長く研究されてきたであろうが，考慮しなければならない条件があまりに多いために目立った進展のないままに推移してきた，というのが実情であった．ちなみに，2016年刊行の前著『ゴム科学—その現代的アプローチ—』[3]（執筆は2015年時点）では次のように慎重な意見を述べた．

>「1980年代から続く人工知能（artificial intelligence：AI）の研究成果によって，全自動運転車のような自動化，機械化に関連する技術開発が盛んであり，…（中略）…しかし，高速道路上での有効性はみとめられても，一般道路での歩行者との共存の点では先は長い．現時点の技術では，基本的に運転者の保護には役立つであろうが，歩行者の安全にもっと比重をおいた技術の開発が優先されるべきであろう．」

この慎重さの根拠となった事故の心配が決して杞憂ではなかったことが，米国で2018年3月18日および23日に起こった，一般道路上での自動運転による死亡事故が報道されたことから明らかになった．このような事故が今後二度と発生しないように最大限の留保をしつつではあるが，先の引用に続けてさらに，

>「AIが中核となる技術という点では，「自動車」の名にふさわしい自動運転車のソフトウェア開発は，次世紀と述べた情報化時代への移行を加速する結果となる可能性があるかもしれない．」

と述べている点から，3年を経過して「可能性」が「現実性」に転化しつつあると表現してよい段階に至ったともいえる．しかしながら技術の成熟度という点では，路上実地試験で事故が相次いでいることは，やはり現時点でのIT技術は不十分であったことを強く示唆している．技術的な成熟を待たずに「平和利

用」を急いだ原子力発電の教訓を忘れず，今後はより慎重な，政治的あるいは経済的要請よりも，運転者以上に歩行者の安全性を優先させた技術開発の展開が強く求められる．米国ではすでに一般的に普及しているクルーズコントロール (cruise control) を含めて，高速道路における利用が先行しても，一般道路への技術的対応にはまだまだ AI の進歩を待たなければならないように思われる．自動運転技術の開発が AI の新たな局面を開く可能性があり，さらに事故に対する究極の対応として自動運転技術の完成は，注意深い運転車を越える可能性を有するおそらく唯一の方策でもあるから，その必要性はいうまでもない．

当面，実用化への動きが高まっている実例の一つは，高速道路での数台のトラックの隊列走行である．2013年2月に産業技術総合研究所のテストコースにおいて車間距離4mで4台のトラックが毎時80kmで隊列走行するデモンストレーションが行われ (図 9.4)，燃費削減率が15%に達したとの結果が報告されている[50]．開発された自動運転システムによる走行時の空気抵抗の低減と一定速度のコントロールがこの燃費向上を可能とし，さらに運転者の負担を軽減することで，結果的には事故確率の大幅な低下も期待できるから，早期の実用化が期待される．

自動運転はソフト面での進化が重要であるが，車体の軽量化，自動化に瞬時に対応可能な自動車用デバイス，例えば高速ブレーキの開発などハード面での改善も考慮しなくてはならない．タイヤもその対象となるデバイスであり，タイヤの性能は自動車の運転に関する要求性能を満たす最重要項目であることはよく知られている．したがって，タイヤ性能は，常に向上を続けてきた側面がある．しかし，過去において要求性能として，より高速走行への対応や極端な

図 9.4　車間距離4mでのトラック4台の隊列走行[50]

コーナリング特性などが前面に現れ，安全性に関しては，歩行者に増して運転者のそれが重視されてきた傾向が否定できない．自動運転は，当然のことながら速度制限の順守と無理のないカーブが前提で，安全性重視をより徹底させることが理論的には可能である．

この観点から世界のタイヤメーカーが注力しているものに，空気圧を用いないタイヤ（airless tire，エアーレス・タイヤ）がある．いわゆるタイヤのパンクは稀になったとはいえ，自動運転中の路上での突然のタイヤ破損をソフトウェアに取り込むことは自動運転のシステムを複雑なものとする可能性があり，エアーレスが究極の対応と想定されているようだ．例えば，*Time* 誌は 2017 年の"The 25 Best Inventions" の一つにエアーレス・タイヤを選定している[51]．開発にあたった技術者は，単にエアーレスとしたのではなくトレッドの工夫が最も大事な点であり，実用化は 20 年先になるだろうと述べていたようである．「20 年先」は，自動運転の実用化に間に合う時期を考えたうえでの発言かもしれない．そのトレッドの設計には 3D-プリンティングの手法が生かされたとのことで，次のような説明が与えられている（ここで swap は計算機用語である）．

'But the most impressive feature may be its 3-D-printed treads, which can be swapped in and out to accommodate various road conditions—without changing the tire itself.'

また，この *Time* 誌掲載の写真でも接地面（トップトレッド）には黒色の層が認められ，エアーレス・タイヤであっても CB 補強ゴムに代わるトップトレッド材料は想定されていないと思われる．

タイヤについてはほかにも，接地面をセンサーとして路面状況を判断してその情報を送信する機能タイヤ，内部のチューブを三分割して各チューブの圧力を変化させてタイヤ形状（プロファイル）を変化させ，路面状態に対応した走行を自動的に選択できるタイヤ，熱電素材と圧電素材により走行中のタイヤの熱と圧力から発電するタイヤなど，今までにない機能性を付与したタイヤの開発の記事がインターネット上に散見される．最後の発電タイヤは電気自動車（electric vehicle：EV）用と想定される．これらは必ずしも自動運転と直結する試みではないが，すべての自動車の走行に必須であるタイヤにとって，21 世紀になって今までにない多面的な展開が必要とされていることの反映であろう．

自動車についての「多面的な展開」に，地球の温暖化と関係する温室効果ガス規制のための内燃機関（ガソリンとディーゼル）車の削減問題がある．一時期強調された石油資源の枯渇問題が根本的に消えたのではなく，時間的には温室効果ガス規制がより緊急な課題となりつつある．いわゆるハイブリッド車（hybrid vehicle：HV）が一定の役割を果たしつつあること[3,4]は事実としても，長期的には HV に留まることはできない．事実，世界で最も厳しい規制を行っている米国カリフォルニア州では，ハイブリッド車はゼロエミッション車（zero emission vehicle：ZEV）とは認定されていない．燃料電池車（fuel cell）はまだ当分先の候補であり[3,4]，実用化はソリッドタイヤを装着する低速車が開発目標ではないかとも考えられる．当面の焦点としては EV が本命視され，マスコミでは「EV シフト」と呼ばれて最近の流行語となっている．このブームの背景には，EV が既存の内燃エンジン車に比べて構造が単純で部品数も少なく，既存の自動車メーカーに留まらず新規参入企業にとっても技術的な障壁は低くなることがある．これによって自動車ビジネス界の大変革の可能性が否定できないことも，社会的影響の大きさを示唆している．Tesla 社のような新企業の参入や，自動車運転技術への Apple などの IT 関連企業の積極的な関心はこの理由によるものである．さらに，EV シフトは他産業への波及効果も大きい．EV の基幹技術は 2 次電池（secondary battery，しばしば単に battery）で，電気産業の活性化につながっている．世界最大のバッテリーメーカーであるパナソニックが Tesla 社との提携に踏みきり，国家戦略として EV 開発に注力している中国への進出に積極的であるのもその表れであろう．

さらに，バッテリーの中でも特に重視されているのはリチウムイオン電池（lithium-ion battery）であり[3,4,52~57]，EV シフトの中で金属リチウム資源の争奪戦が激化している．新聞報道によると[58]，世界的に圧倒的なリチウム埋蔵量を誇る「リチウム・トライアングル」（アルゼンチン，ボリビア，チリにまたがるアンデス山脈の高地）では中国系企業がトップランナーで，中国と提携するカナダ企業 International Lithium 社の創立者であるキリル・クリップ氏はこう断言している．

「リチウム争奪戦が始まった．中心にいるのは中国だ．」

リチウムのみならず電極材料に欠かせないコバルトでも，世界の産出量の 6 割

を占めるアフリカのコンゴ民主共和国の資源の大半を，中国が握っている[58]．ゴム関係者もこのEVシフトの現実を注視しなければならない．

　しかしながら，EVに必要な充電施設の普及を含めて，EVシフトの動きは決して十分とはいえない．地球温暖化の進行がむしろ加速されているのではないかと推定される現状に加えて，米国のパリ条約脱退などの政治的な逆風もあり地球の温暖化による危機的状況にさらなる対応が求められている．石炭，石油など化石燃料（fossil fuel）は「座礁資産」（stranded asset，投資しても利益を回収できない資産）であるとして投資の撤退や新たな投資を手控える動きもあり[59]．EVが直面しているのはタイヤが主たる問題点ではないが，補強ゴムの立場から，燃費の向上やタイヤの軽量化（補強性の有機フィラーの実用化もその一つに数えられる）など従来の成果を早急に開発に結びつけて，実用化への努力を継続することが必要とされている．

9.3.2　ゴム材料の将来

　タイヤの材料面では，ヘベア樹（パラゴムノキ）からのNRに代わりうるNR材料が一つの焦点である[3, 4, 60~70]．20世紀初期から一部実用化され，今世紀になって復活の途上にあるワユーレ（guayule, *Parthenium argentatum*）に加えて，ゴムタンポポ（rubber dandelion, *Taraxacum kok-saghyz*）の利用についてもシナリオが固まりつつあって，その自己補強性（テンプレート結晶化挙動）や力学的特性の評価により実用化への途が開かれつつある[66~70]．図9.5にワユーレおよびゴムタンポポのテンプレート結晶化を示す引張り応力-ひずみ曲線を示した[66]．ヘベアゴムとほぼ同様な引張りおよび伸長結晶化挙動を示し，NRとしてヘベアゴム同様に利用できる素材と認められる．ワユーレは砂漠など不毛地帯での栽培が，またゴムタンポポは温帯・亜寒帯域で栽培が可能とされているので，NRの需要拡大に応える植物資源として将来性に富んでいる．これらのNRを用いたタイヤについて自動車会社から実用評価が報告されている[69]．タイヤの試作品もすでに数社から公開され，方々で展示もされているようだ．

　補強と直接的には関連しないが，100年を超える歴史をもつヘベア樹の栽培[1, 2]においても，NRの需要に応えるため栽培地域拡大の努力が中国その他で21世紀の今も継続されている[1~4, 71, 72]．さらに，日本からはヘベア樹のNR生

9.3 21世紀におけるゴム系ナノコンポジット

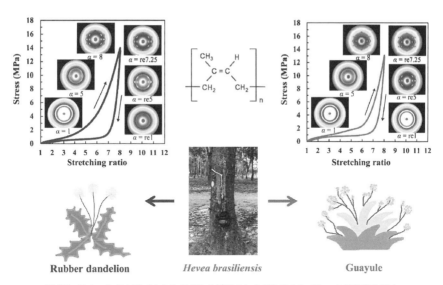

図 9.5 ワユーレおよびゴムタンポポから採取された NR のテンプレート結晶化を示す引張り応力-ひずみ曲線[66]

合成機構の研究成果を踏まえて[73]，試験管内で（*in vitro*）の高分子量 NR の生合成の可能性が示唆されている[74,75]．図 9.6 に，NR ラテックスに含まれるゴム粒子中での生合成を見習って（biomimetics，バイオミメティクス），NR の *in vitro* 合成機械のモデル的概念を示した[74]．技術的にこの *in vitro* 手法は，工場での NR の生産が可能となる将来像を示唆している．NR の生産において，野菜など一部で発展途上にある植物工場が確立する可能性がある．NR は生産地が

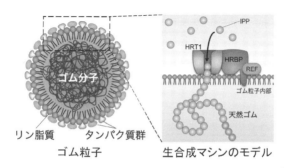

図 9.6 バイオミメティクスによる天然ゴム生合成マシンのモデル[74]

熱帯地域に限られ，かつ原産地の南米では風土病である南アメリカ枯葉病など地政学的，病理学的問題を抱えている[1,2,60~64]．NR の工業的生産は，増加傾向にある NR への需要に応えるのみならず地政学的問題を克服して世界各地での生産を可能とし，また，病理学的トラブルへの多様な対応を可能とするであろう．この日本での確立は，自動車関連産業の発展に大きな支えとなることは確実である．天然資源である NR の確保は，NR が戦略物質として軍需用にも必須であることから，すでに述べたワユーレやゴムタンポポ栽培や in vitro の生合成の確立など農学的あるいは生化学的手法に加えて，多様な技術の開発が求められている．第 8 章に述べた NR のユニークな自己補強性の観点から，これらの努力は今後さらに重要性を増していくことであろう．

補強剤としては従来の補強性ナノフィラーに加えて，再生可能な植物資源の観点からリグニンなどの天然の有機フィラーの検討も必要かつ有望である．本書がゴムの補強における要因として提示したナノフィラーのネットワーク形成（図 5.5 参照）は，無機よりは有機フィラーの方が化学的な工夫が容易であろう．さらに，伝統的な加工プロセスを，第 3 部に述べた「ソフト」プロセスのアイデア（図 7.3 参照）を生かした現代的な新プロセスへと進化させる努力と結合させることも，補強の大きな課題である．

全く新しいアプローチの中でも，21 世紀中に実用化レベルに到達することが考えられるものの一つは，ヘベア樹の遺伝子操作である．ヘベアのゲノム（genome，遺伝子）解析が進行していることはすでに知られているが[1~4]，最近，いくつかのグループから結果が報告されている．中国を中心に，フランス，マレーシア，米国の研究者から成るチームの共同研究結果（この分野では珍しくはないが共著者の総数は 42 人である）の報告で，ヘベアゲノムの 93.8％の解析が終了したとしてその結果がインターネットで公開されている[76]．日本からはブリジストンのグループ[77]のほかに，理研グループが RRIM 600（マレーシアゴム研究所で開発され，現在，広く栽培されているヘベア NR 産出クローン）のゲノム解析結果を発表し[78]，関連するデータベースを公開している[79]．ゲノム解析の結果を踏まえた遺伝子操作の積み重ねによって，遺伝子に基づく自己補強性を飛躍的に高めた NR が生合成され，補強性フィラーが不要となる日がやってくるのかもしれない．

9.3 21世紀におけるゴム系ナノコンポジット

　合成ゴムの将来像は，補強の観点からは図 8.7 に示されているように，優秀なナノフィラーの開発に依存している．CB，シリカ以外の新規フィラー系開発の努力は今後も続けられるであろうが，石油に依存するゴム生産との関連も考えるべきかもしれない．合成化学分野での *cis*-1,4-ポリイソプレンの完全化学合成（生化学合成でない）プロセスの確立，あるいは *cis*-1,4-ポリイソプレン以外の分子構造をもった自己補強性エラストマーのデザインとその合成も緊急の課題である[3,4]．成熟段階にある有機合成化学の新展開が待たれるところであろう．

　以上，ゴムの補強を主題とした本書において，21 世紀末までと期間を限定しても，未来予測の点では十分な具体化ができなかった．元来，未来予測は科学が不得意とする分野であり，「科学的予測」には何か怪しげなものがつきまとっている．グローバリゼーションの理解を深め，また人類の持続的発展（SD）については CO_2，P，N 規制などの指標で，目標を達成した国は 145 か国中 34～45 か国に留まっている現状[80]を認識したうえで，ゴム研究者・技術者がそれぞれに CB やシリカを含めた補強性ナノフィラーの科学的，技術的検討をさらに推進しつつ，新規補強材や新規加工プロセスを含めて，ゴム補強の未来を改めて考えるべきなのであろう．本書が 21 世紀における SD のための努力に，あるいはそうした方向での研究と開発のスタートにいささかでも貢献するところがあれば，著者らにとってこれに過ぎる喜びはない．

第4部文献

1) 鞠谷信三（2013）．天然ゴムの歴史，京都大学学術出版会，京都．
2) S. Kohjiya (2015). *Natural Rubber : From the Odyssey of the Hevea Tree to the Transportation Age*, Smithers Rapra, Shrewsbury.
3) 池田裕子ら（2016）．ゴム科学―その現代的アプローチ―，朝倉書店，東京．
4) Y. Ikeda et al. (2017). *Rubber Science : A Modern Approach*, Springer, Singapore.
5) マンフレッド B. スティーガー著，櫻井公人ら訳（2005）．グローバリゼーション，岩波書店，東京．
6) D. H. Meadows et al. (1972). *The Limits to Growth : A Report for THE CLUB OF ROMES Project on the Predicament of Mankind*, Universe Books, New York.
7) World Commission on Environment and Development (1987). *Our Common Future*, Oxford University Press, Oxford.
8) R. Hoefer ed. (2009). *Sustainable Solutions for Modern Economics*, RSC Publishing, Cambridge.
9) H. Butterfield (1949). *The Origins of Modern Science 1300-1800*, G. Bell & Sons, London.
10) T. S. Ashton (1986). *The Industrial Revolution, 1760-1830*, Greenwood Press, Westport.
11) E. Hobsbawn (1962). *The Age of Revolution 1789-1848*, Vintage Books, New York.
12) G. Basalla (1988). *The Evolution of Technology*, Cambridge University Press, Cambridge.
13) J. Mokyr (1990). *The Lever of Riches : Technological Creativity and Economic Progress*, Oxford University Press, New York.
14) T. J. Misa (2004). *Leonardo to the Internet : Technology & Culture from the Renaissance to the Present*, Johns Hopkins University Press, Baltimore.
15) 文献 4 の 3.1 節を参照．
16) D. C. Lindberg et al. eds. (1990), *Reappraisals of the Scientific Revolution*, Cambridge University Press, Cambridge.
17) F. エンゲルス著，武田隆夫訳（1955）．イギリスにおける労働階級の状態，新潮社，東京．
18) F. Engels (1993). *The Condition of the Working Class in England*, Oxford University Press, Oxford. [The original German edition was published in 1845 in Leipzig.]
19) マルクス・エンゲルス著，大内兵衛ら訳（1951）．共産党宣言，岩波書店，東京．
20) R. C. Allen (2011). *Global Economic History*, Oxford University Press, Oxford.
21) R. B. Marks (2015). *The Origin of the Modern World : A Global and Environmental Narrative from the Fifteenth to the Twenty-First Century*, 3rd ed., Rowman & Littlefield, Lanham.
22) IT Media ビジネスオンライン，（2016 年 10 月 7 日閲覧）．
23) K. Vick et al. (2018). *Time*, **191**, no.7-8 (Feb. 26, a double issue), 26 (an article entitled "Smugglers Inc.").
24) 平井都志夫（1971）．都市と交通―クルマ社会への挑戦，新日本出版社，東京．
25) 宇沢弘文（1974）．自動車の社会的費用，岩波書店，東京．
26) 杉田　聡ら（1998）．クルマ社会と子どもたち，岩波書店，東京．
27) G. Underwood ed. (2005). *Traffic and Transport Psychology : Theory and Application*,

Elsevier, Amsterdam.
28) D. Shinar (2007). *Traffic Safety and Human Behavior*, Emerald Group Publishing, Bingley.
29) T. Jouenne (2009). *Sustainable Logistics as a Part of Modern Economies*, in *Sustainable Solutions for Modern Economics*, R. Hoefer ed., RSC Publishing, Cambridge, Ch. 4.
30) E. Dinjus et al. (2009). *Green Fuels-Sustainable Solutions for Transportation*, in *Sustainable Solutions for Modern Economics*, R. Hoefer ed., RSC Publishing, Cambridge, Ch. 8.
31) T. Piketty (2013). *Le Capital au XXIe siecle*, Editions du seuil, Pasis.
32) T. Piketty et al. (2014). *Science*, **344**, Issue 6186, 838.
33) T. Piketty (2015). *Am. Econom Rev. : Papers & Proc.*, **105**(5), 48.
34) 例えば、M. Hendrickson (2014). *Problems with Piketty : The Flaws and Fallacies in Capital in the Twenty-First Century*, The Center for Vision & Values, Grove City.
35) P. Salopek, J. Stanmeyer (2017). *National Geographic*, **232**, 121.
36) R. C. Allen (2017). *Nature*, **550**, 321.
37) 友寄英隆 (2018). 経済, No. 271 (4月号), 74.
38) 高木仁三郎 (2000). 原発事故はなぜくりかえすのか, 岩波書店, 東京.
39) 石橋克彦編 (2011). 原発を終わらせる, 岩波書店, 東京.
40) L. Birmingham et al. (2012). *Strong in the Rain : Surviving Japan's Earthquake Tsunami, and Fukushima Nuclear Disaster*, Palgrave Macmillan, New York.
41) M. Kleman et al. (2003). *Soft Matter Physics : An Introduction*, Springer, New York.
42) C. L. Davis et al. (2004). *The Engineering of Sports*, Vol. 2, M. Hubbard et al. eds., Central Plain Books, Winfield.
43) C. Davis (2007). *Materials Today*, **10**, 60.
44) P. J. Flory (1953). *Principles of Polymer Chemistry*, Cornell University Press, Ithaca, Ch. 1.
45) T. Kashiwagi et al. (2005). *Nat. Mater.*, **4**, 928.
46) T. Hornyak (2017). *Nature*, **552**, S45.
47) A. Das et al. (2014). *RSC Adv.*, **4**, 9300.
48) S. Bhattacharyya et al. (2008). *Carbon*, **46**, 1037.
49) N. George et al. (2015). *Composite Sci. Technol.*, **116**, 33.
50) 加藤　晋 (2018). ゴム技術フォーラム例会講演, 東京, 2018年4月12日.
51) L. Eadicicco (2018). *Time*, **190**, No. 22-23, 70.
52) S. Kohjiya et al. (1990). *Second International Symposium on Polymer Electrolyte*, B. Scrosati ed., Elsevier Applied Science, London, pp. 187-196.
53) Y. Ikeda et al. (1997). *Polym. Int.*, **43**, 269.
54) A. Nishimoto et al. (1998). *Electrochimica Acta*, **43**, 1177.
55) Y. Ikeda et al. (2000). *Electrochimica Acta*, **45**, 1167.
56) Y. Matoba et al. (2002). *Solid State Ionics*, **147**, 403.
57) T. Minami et al. eds. (2005). *Solid State Ionics for Batteries*, Springer, Tokyo.
58) 清水憲司ら (2018). 毎日新聞, 4月13日, 3面 (天空のリチウム争奪戦).
59) 野口義直 (2018). 経済, No. 272 (5月号), 97.
60) H. Mooibroek et al. (2000). *Appl. Microbiol. Biotechnol.*, **53**, 355.
61) K. Cornish (2014). *Biosynthesis of natural rubber in different rubber-producing species*, in *Chemistry and Manufacture and Applications of Natural Rubber*, S. Kohjiya et al. eds., Elsevier/Woodhead, Cambridge, Ch. 1.

62) 鞠谷信三（2015）．日本ゴム協会誌，**88**，18 & 93．
63) Y. Ikeda et al.（2015）. Renewed Consideration on Natural Rubber Yielding Plants, in *A Sustainable Development Standpoint*, in *Sustainable Development：Processes, Challenges and Prospects*, D. Reyes ed., Nova Science Publishers, New York, Ch. 3.
64) A. H. Tullo（2015）. *Chem. Eng. News*, April 20, 18.
65) E. Warren-Thomas et al.（2015）. *Conservation Letters*, **8**(4), 230.
66) Y. Ikeda et al.（2016）. *RSC Adv.*, **6**, 95610.
67) K. Cornish（2017）. *Technology and Innovation*, **18**, 245.
68) P. Junkong et al.（2017）. *RSC Adv.*, **7**, 50739.
69) J. C. Tardiff et al.（2017）. *Rubber & Tire Digest*, Oct/Nov, 36.
70) P. ジュンコンら（2018）．日本ゴム協会誌，**91**，169．
71) 深尾葉子（2004）．東南アジア研究，**42**，294．
72) C. C. Man（2009）. *Science*, **325**, 564.
73) 高橋征司（2016）．21世紀における天然ゴムのバイオテクノロジー，文献3所収，第4.4節，pp. 137-147．
74) 高橋征司ら（2016）．高分子，**66**，278．
75) S. Yamashita et al.（2016）. *eLife*, **5**, e19022.
76) C. Tang et al.（2016）. *Nature Plants*, **2**, Article number 16073. doi：10.1038/NPLANTS.2016.73
77) 渡辺訓江（2018）．日本ゴム協会誌，**91**，151．
78) N.-S. Lau et al.（2016）. *Sci. Rep.*, **6**, 28594.
79) Y. Makita et al.（2018）. *BMC Genomics*, **19**（Suppl. 1）, 922.
80) D. W. O'Neill et al.（2018）. *Nature Sustainability*, **1**, 88.

索　引

数字・欧文

2D-SAXS　114
2 次元 Reverse Monte Carlo 法　95
2 次元 X 線散乱　95
2 次元小角 X 線散乱　114
2 次電池　181
2 相並列の力学的モデル　100
3D-TEM　24, 50, 65, 79, 83, 86, 89
3D パラメーター　82
3D-プリンティング　180
3 次元可視化　59, 71
3 次元画像　53, 60
3 次元再構築法　50
3 次元透過電子顕微鏡（3D-TEM）　24, 50

AFM（atomic force microscope）　50, 103
agglomerate（アグロメレート）　19, 23, 27, 83, 85, 86, 88, 90, 94, 103
aggregate（アグリゲート, 凝集体）　19, 23, 27, 83, 85, 89, 90, 94, 104
Ag クラスター　81
AI（artificial intelligence）　172, 178
Au ナノロッド　81
Avrami の式　140

BR　7, 113

cavitation　39, 151
CB（carbon black）　3, 18, 71, 83, 86, 110
　──のネットワーク　83
CB 凝集体　72, 100
CB 凝集体フラグメント　77
CB 充てん加硫 NR　71
CB ネットワーク　74, 76, 78, 89, 97
CB／NR 相互作用層（CNIL）　83, 97
CdTe テトラポッド　80
CFRP（carbon fiber reinforced plastics）　5
Charlesby の理論　77
CNIL（CB/NR interaction layer）　97, 101, 103
CNT（carbon nanotube）　81, 82, 174
CR（chloroprene rubber）　131
CSAS（combined ultra-small-angle and small-angle scattering）　94

DBP 値　19
d_p　66, 73

ED（electron diffraction）　51
EELS（electron energy-loss spectroscopy）　58
ENR（epoxidized natural rubber）　113
EPDM（ethylene propylene diene rubber）　92
EV（electric vehicle）　180
EV シフト　181

FEM（finite element method）　58, 95
FePd ナノ粒子　81
filler　2
FRP（fiber reinforced plastics）　5, 9

G'　99
Ge クラスター　81
GFRP（glass fiber reinforced plastics）　174
Goodyear, C.（グッドイヤー）　15, 131, 142

HAF（high abrasion furnace）　8, 19
heat buildup（ヒートビルドアップ）　4, 21
HRTEM（high-resolution TEM）　51
HV（hybrid vehicle）　181

in situ シリカ　21, 59, 111, 112, 118
IoT（internet of things）　172
IR（isoprene rubber）　94, 113, 139, 154
ISAF（intermediate super abrasion furnace）　8, 19

Katz effect　134

Kraus, G.（クラウス） 6, 87

LTC（low-temperature crystallization） 129, 130, 153

MMT 80
Mote, S. C. 5, 83
Mullins 効果 86

nano-filler（ナノフィラー） 8, 23, 59, 83, 176
nano-filler network（ナノフィラーネットワーク） 59, 90
NBR（acrylonitrile butadiene rubber） 113, 143
NR（natural rubber） 3, 129, 132, 142, 151, 153
　──の自己補強性 144
NR ラテックス 124

Oenslager, G.（オーエンスレーガー） 5

P ジャンプ 142
Payne, A. R.（ペイン） 24, 88
PdSe-CdSe コア–シェル構造 81
Pt/Ru ナノ粒子 80

RMC（reverse monte carlo） 95
Ruska, E.（ルスカ） 50

SANS（small-angle neutron scattering） 147
SAXS（small-angle X-ray scattering） 26, 93, 114
SBR（styrene-butadiene rubber） 6, 92, 94, 113, 125, 128, 142, 144, 149, 152
SD（sustainable development） 22, 127, 162, 168, 176
SEM（scanning electron microscopy） 150

SIC（strain-induced crystallization） 12, 118, 129, 146
SIRT（simultaneous reconstruction technique） 81
SMP（shape-memory polymer） 152
SPM（scanning probe microscope） 126

T ジャンプ 142
TEM（transmission electron microscope） 50, 113, 118, 126, 136
TEOS（tetraethyl orthosilicate） 112
TESPT（bis（triethoxy-silyl-propyl）tetrasulfide） 111
T_g 13, 131
TIC（temperature-induced crystallization） 128
TPE（thermoplastic elastomers） 15

WAXD（wide angle X-ray diffraction） 133
WAXS（wide angle X-ray scattering） 95
WBP（weighted back projection） 81

X 線小角散乱（SAXS） 26

ZEV（zero emission vehicle） 181

γ-アルミナ 80

ア 行

アインシュタイン粘度式 29, 100
亜鉛除去処理 60
アグリゲート 19, 23, 27, 83, 85, 89, 90, 94, 104
　一次── 27, 28, 40, 89
アクリロニトリルブタジエンゴム（NBR） 113, 143
アグロメレート 19, 23, 27, 83, 85, 86, 88, 90, 94, 103
アスペクト比 63
アモルファス 128
アルキメデスの原理 63
暗視野法 52

硫黄 60
位相コントラスト 51
イソプレンゴム（IR） 94, 113
一次アグリゲート 27, 28, 40, 89
異方性充てん剤 6
異方性フィラー 22
色収差 56
因果関係 136

ウェットスキッド 4

エアーレス・タイヤ 180
液晶 175
液晶性エラストマー 175
エネルギー分散型 X 線分光分析 60
エポキシ化天然ゴム（ENR） 113
エラストカロリック効果 153
延性 148
エントロピー弾性 3, 129

オイルファーネス法 CB 86
応力-ひずみ曲線 116, 127
オクルードラバー 99
押出し成型 148
重みづけ逆投影 81
温度依存性 130
温度上昇 4
温度誘起結晶化（TIC） 129

索　引

カ 行

回析　52
階層構造　94, 96
科学革命　164
化学吸着　35
架橋　133
架橋網目鎖　136
架橋鎖　69, 76
架橋鎖分率　69, 76
架橋試薬　16
架橋点密度　78
核　138
核剤　129, 132, 134, 139
核生成　129, 131, 132, 134
確率過程　136
加工条件　133
加工助剤　16
画像解析　62
画像処理　72
加速度的　164
型崩れ防止剤　16
カップリング剤　21, 43
カーボンアロトロープ（炭素同
　　素体）　6, 19, 81, 174
カーボンナノチューブ（CNT）
　　81
カーボンブラック（CB）　3, 18,
　　59, 83
カーボンブラック分散　71
ガラス繊維補強ポリマー
　　（GFRP）　174
ガラス転移温度　13, 131
加硫　15, 133, 138, 142
加硫 NR　150
加硫関連試薬　16
加硫促進剤　71
　　遅効性——　20
過冷却　130
過冷却度　131
乾式法シリカ　21
完全凝着　38
完全均一網目　142
完全不凝着　38

官能基　77
機械化学的　87
技術的な成熟　178
ギニエプロット　93
機能性　152
基本粒子　27
逆投影（WBP）　81
逆ミセル　116
逆ラドン変換　54
球晶　15, 132
吸蔵ゴム　42
球面収差　51
球面収差補正 TEM　51
凝集　86
凝集体（アグリゲート）　19, 23,
　　27, 83, 85, 89, 90, 94, 104
凝着効果　39
局在化　169
均一結晶化　134, 136

グアユール（ワユーレ）　43,
　　152, 182
空間分解能　57
空隙　39
空隙効果　39
空孔　151
グーチ・ゴールド式　31
グーチ式　32
クラック　146
グラフェン　5, 174
グリップ　3
グリーンタイヤ　110
クルーズコントロール　179
クルマ社会　168
グローバリゼーション　162,
　　169
クロロプレンゴム（CR）　131
クーンセグメント　140

計算機トモグラフィー　53
傾斜角度　56
形状因子　34
形状記憶ポリマー（SMP）　152

結晶化度　128
結晶化の機構　139
結晶融解　142
ゲノム解析　184
ゲル化理論　70, 78, 88
原子間力顕微鏡（AFM）　50

広角 X 線回折（WAXD）　133
広角 X 線散乱（WAXS）　95
合成ゴム　6
交通化　163, 166
交通化革命　163, 166
交通化社会　2, 167
高分解能 TEM（HRTEM）　51
高分子　175
古典的ゴム弾性論　128
ゴム弾性　10, 128
ゴムタンポポ　182
ゴムと繊維の複合材料　9
ゴムブレンド　15
ゴム補強機構　86
孤立鎖　69, 76
コロイド　175
転がり抵抗　3
混合則　100
コントラスト　51
混練　13, 37, 40, 116, 125, 132

サ 行

最近接粒子間距離　66, 73
サイドトレッド　4
材料科学　173
佐藤・古川理論　39
サーフェスレンダリング　57
サーマル法 CB　86
酸化亜鉛　14, 16, 71, 151
産業革命　164, 166
散乱コントラスト　61

時間-温度換算則　149
自己補強性　12, 128, 142, 153
シシカバブ　141
シシカバブ結晶　134
シシ部　141

持続的発展（SD） 22, 127, 162, 168, 176
湿式法シリカ 21
自動運転 178
自動運転技術 172
市販シリカ 60
時分割測定 13, 134
シミュレーション 166
充てん剤（フィラー） 2, 16
純ゴム配合 7
小角X線散乱 93
　超―― 115
小角中性子散乱（SANS） 147
情報化 163, 166, 172
情報化革命 163
情報化社会 167
情報欠落領域 57
シランカップリング剤 8, 21, 110
シリカ 7, 59, 110
シリカ凝集体 62, 68
シリカ充てん加硫NR 60
シリカネットワーク 67, 70
シリカ粒子 21
ジルコニア 80
進化的なプロセス 164
シンクロトロン放射X線ナノコンピュータ断層撮影法 95
人工知能（AI） 172
親水性シリカ 64
伸長結晶化（SIC） 12, 118, 128
振幅コントラスト 51

スキッド 3
スケーリング 88
スコーチ 13
煤 81
煤ナノ粒子 82
スチールラジアルタイヤ 174
スチレンブタジエンゴム（SBR） 6
ステアリン酸 71, 139
ストラクチャー 17, 26, 83, 103
ストラクチャー形成 19, 23, 79, 88
素練り 133
スモールウッド式 32
スライス像 53, 60

制限視野電子回折 51
脆性 148
セグメント 14, 140
ゼロエミッション車（ZEV） 181
繊維補強プラスチックス（FRP） 5
線図 75

走査電子顕微鏡（SEM） 150
走査トンネル顕微鏡 50
走査プローブ顕微鏡（SPM） 126
増量剤 12
速度論 139, 141
疎水性シリカ 64
その場生成 21
ソフトウェア 173
ソフトグラフェン 81
ソフトナノコンポジット 2, 8
ソフトプロセス 111, 125
ソフトマター 173
ソフトマテリアル 173
ゾル–ゲルシリカ 60
ゾル–ゲル反応 111
ゾル–ゲル法 112

タ 行

体積効果 34, 39
体積抵抗率 74
タイヤ 3
多孔質 $La_2Zr_2O_2$ 81
脱亜鉛処理 71
脱凝集 40
タック 16, 21
タック調整剤 16
脱炭素 177

タフネス 145
単結晶 128
炭酸カルシウム 14, 16
炭素同素体（カーボンアロトロープ） 6, 19, 81, 174
タンポポ 152

地球シミュレーター 95
遅効性加硫促進剤 20
チッ素吸着 19
チャネルブラック 20
チャンネル法 CB 86
中性子 94
超小角X線散乱 115
超小角散乱（CSAS） 94
貯蔵弾性率 99, 103

低温結晶化（LTC） 129, 153
低磁場プロトンNMR 92
低炭素化社会 122
ディープラーニング 172
テトラエトキシシラン（TEOS） 112
電気自動車（EV） 180
電気的ネットワーク 67
電気的パーコレーション 74, 92
電子エネルギー損失分光（EELS） 58
電子回析（ED） 51
天然ゴム（NR） 3
天然ゼオライト 79
テンプレート 136, 138, 139, 141
テンプレート結晶化 13, 130, 134, 145, 153
テンプレート重合 139
点分解能 51

透過電子顕微鏡（TEM） 50
同時反復再構成技術（SIRT） 81
導電性 67
導電性フィラー 36

トップトレッド 4
トップトレッドゴム 3
トモグラフィー 50, 53
　二重軸—— 80
トラクション 3
トレッドパターン 4

ナ 行

流れ調整剤 16
ナノファイバー 18
ナノフィラー 8, 23, 59, 83, 176
　補強性—— 17, 145, 185
ナノフィラーネットワーク 59, 90
ナノフィラー分散状態 50
ナノ粒子 79

二重軸トモグラフィー 80

熱可塑性エラストマー（TPE） 15
ネットワーク構造 68, 88, 177
　フィラー—— 86
粘性抵抗 99
燃料電池車 181

農業革命 165
ノッチ 146
伸びきり網目鎖 139
伸びきり鎖 134, 138

ハ 行

バイアスタイヤ 4
バイオナノコンポジット 22
バイオフィラー 22
バイオマス 121
バイオマテリアル 175
バイオミメティクス 183
配向 137
配向アモルファス 137, 140
ハイドロプレーニング 4
ハイブリッド車（HV） 181
バウンドラバー 19, 23, 24, 67, 74, 87, 88, 89, 90, 97, 103
破壊包絡線 149
破壊力学 148
パーコレーション 36, 67, 86
パラジウムナノ粒子 80
汎用ゴム 7

引裂き強さ 21, 145
微結晶 14, 143
非ゴム成分 139
ヒステリシスロス 142, 145
ビス（トリエトキシシリルプロピル）テトラスルフィド（TESPT） 111
引張り強さ 144
非補強性フィラー 12
非粒子状ナノフィラー 79
疲労 148
疲労寿命 149
疲労特性 146
疲労破壊 148

ファーネス法 CB 20, 43
フィラー 2, 16
　ナノ—— 8, 23, 59, 83 176
　バイオ—— 22
　補強性—— 2, 12, 23, 84
　有機—— 22, 184
フィラークラスター 92
フィラーネットワーク 24, 36, 88, 91, 95, 103
フィラーネットワーク構造 86
フィラー／フィラー効果 70
不均一結晶化 132, 134
不均質構造 87
不均質モデル 87
複合材料 2, 5
　ゴムと繊維の—— 9
ブタジエンゴム（BR） 7
物理吸着 35
不動層 25
ブラウン運動 30
フラクタル 88

マス—— 94
フラクトグラフィー 150
ブラッグの反射 52
フーリエ変換 55
ブレンドゴム 15
プロモーター 43
分解能 51, 56
分岐鎖 69, 76
分岐鎖分率 69, 76

ペイン効果 29, 38, 91
ヘベア樹 182

放射光 93, 96
補強 12, 71
補強効果 12, 83, 84, 145
補強性ナノフィラー 17, 145, 185
補強性フィラー 2, 12, 23, 84
ボクセル 57
ポリゴン 58
ポリマー 175
ポリマーゲル 175
ボリュームレンダリング 57

マ 行

摩擦 3
マスフラクタル 94
マトリックス 141
摩耗 3
マリンス効果 38

未架橋 NR 135
ミクロスフェア 175
ミクロブラウン運動 24, 25, 128, 141
密度 64
密度分布関数 55
密度揺らぎ 134
南アメリカ枯葉病 184

無配向アモルファス 141

明視野法 52

メカノケミカル　13, 87

モデルネットワーク　138
モノのインターネット　172
モルフォロジー解析　128
モンモリロナイト（MMT）　80

ヤ 行

有機フィラー　22, 184
有限要素法（FEM）　58, 95
揺らぎ　131
　密度――　134

ヨウ素数　19

ラ 行

ラジアルタイヤ　4
ラテックス　15, 118, 175
ラドン変換　54
ランベルト・ベールの法則　55

リガメント　150
リグニン　18, 22, 121, 124, 184
リグニン／NR バイオナノコンポジット　125
リチウムイオン電池　181
律速段階　141

粒径　85
粒子-ゴム相互作用　89
粒子状　6
流体力学的効果　24, 29, 33, 40, 83, 88
流体力学的相互作用　100

レオロジーモデル　104
劣化防止剤　16

ワ 行

ワユーレ　43, 152, 182

著者略歴

鞠谷信三（こうじや しんぞう）
1942年　大阪府に生まれる
1969年　京都大学大学院工学研究科
　　　　博士課程中退
現　在　京都大学名誉教授
　　　　工学博士

加藤　淳（かとう あつし）
1954年　山形県に生まれる
1985年　東北大学大学院理学研究科
　　　　博士課程修了
現　在　株式会社日産アーク
　　　　オートモーティブ解析部
　　　　シニアエンジニア
　　　　理学博士

池田裕子（いけだ ゆうこ）
1956年　京都府に生まれる
1988年　名古屋大学大学院農学研究
　　　　科後期博士課程中退
現　在　京都工芸繊維大学分子化学
　　　　系教授
　　　　工学博士

ゴムの補強
―ナノフィラーの可視化による機構解析―

定価はカバーに表示

2019年3月1日　初版第1刷

著　者	鞠　谷　信　三
	加　藤　　　淳
	池　田　裕　子
発行者	朝　倉　誠　造
発行所	株式会社　朝　倉　書　店

東京都新宿区新小川町 6-29
郵便番号　162-8707
電　話　03(3260)0141
ＦＡＸ　03(3260)0180
http://www.asakura.co.jp

〈検印省略〉

© 2019〈無断複写・転載を禁ず〉　　中央印刷・渡辺製本

ISBN 978-4-254-25269-9　C 3058　　Printed in Japan

JCOPY 〈出版者著作権管理機構　委託出版物〉

本書の無断複写は著作権法上での例外を除き禁じられています．複写される場合は，そのつど事前に，出版者著作権管理機構（電話 03-5244-5088, FAX 03-5244-5089, e-mail: info@jcopy.or.jp）の許諾を得てください．

◆ 役にたつ化学シリーズ ◆

基本をしっかりおさえ，社会のニーズを意識した大学ジュニア向けの教科書

安保正一・山本峻三編著 川崎昌博・玉置 純・
山下弘巳・桑畑 進・古南 博著
役にたつ化学シリーズ1
集合系の物理化学
25591-1 C3358　　B 5 判 160頁 本体2800円

エントロピーやエンタルピーの概念，分子集合系の熱力学や化学反応と化学平衡の考え方などをやさしく解説した教科書。〔内容〕量子化エネルギー準位と統計力学／自由エネルギーと化学平衡／化学反応の機構と速度／吸着現象と触媒反応／他

出来成人・辰巳砂昌弘・水畑 穣編著 山中昭司・
幸塚広光・横尾俊信・中西和樹・高田十志和他著
役にたつ化学シリーズ3
無　機　化　学
25593-5 C3358　　B 5 判 224頁 本体3600円

工業的な応用も含めて無機化学の全体像を知るとともに，実際の生活への応用を理解できるよう，ポイントを絞り，ていねいに，わかりやすく解説した。〔内容〕構造と周期表／結合と構造／元素と化合物／無機反応／配位化学／無機材料化学

太田清久・酒井忠雄編著 中原武利・増原 宏・
寺岡靖剛・田中庸裕・今堀 博・石原達巳他著
役にたつ化学シリーズ4
分　析　化　学
25594-2 C3358　　B 5 判 208頁 本体3400円

材料科学，環境問題の解決に不可欠な分析化学を正しく，深く理解できるように解説。〔内容〕分析化学と社会の関わり／分析化学の基礎／簡易環境分析化学法／機器分析法／最新の材料分析法／これからの環境分析化学／精確な分析を行うために

水野一彦・吉田潤一編著 石井康敬・大島 巧・
太田哲男・垣内喜代三・勝村成雄・瀬恒潤一郎他著
役にたつ化学シリーズ5
有　機　化　学
25595-9 C3358　　B 5 判 184頁 本体2700円

基礎から平易に解説し，理解を助けるよう例題，演習問題を豊富に掲載。〔内容〕有機化学と共有結合／炭化水素／有機化合物のかたち／ハロアルカンの反応／アルコールとエーテルの反応／カルボニル化合物の反応／カルボン酸／芳香族化合物

戸嶋直樹・馬場章夫編著 東尾保彦・芝田育也・
圓藤紀代司・武田徳司・内藤猛章・宮田興子著
役にたつ化学シリーズ6
有　機　工　業　化　学
25596-6 C3358　　B 5 判 196頁 本体3300円

人間社会と深い関わりのある有機工業化学の中から，普段の生活で身近に感じているものに焦点を絞って説明。石油工業化学，高分子工業化学，生活環境化学，バイオ関連工業化学について，歴史，現在の製品の化学やエンジニヤリングを解説。

古崎新太郎・石川治男編著 田門 肇・大嶋 寛・
後藤雅宏・今駒博信・井上義朗・奥山喜久矢他著
役にたつ化学シリーズ8
化　学　工　学
25598-0 C3358　　B 5 判 216頁 本体3400円

化学工学の基礎について，工学系・農学系・医学系の初学者向けにわかりやすく解説した教科書。〔内容〕化学工学とその基礎／化学反応操作／分離操作／流体の運動と移動現象／粉粒体操作／エネルギーの流れ／プロセスシステム

村橋俊一・御園生誠編著 梶井克純・吉田弘之・
岡崎正規・北野 大・増田 優・小林 修他著
役にたつ化学シリーズ9
地　球　環　境　の　化　学
25599-7 C3358　　B 5 判 160頁 本体3000円

環境問題全体を概観でき，総合的な理解を得られるよう，具体的に解説した教科書。〔内容〕大気圏の環境／水圏の環境／土壌圏の環境／生物圏の環境／化学物質総合管理／グリーンケミストリー／廃棄物とプラスチック／エネルギーと社会／他

横国大上ノ山周・横国大相原雅彦・阪大岡野泰則・
阪大馬越 大・千葉大佐藤智司著
新版 化学工学の基礎
25038-1 C3058　　A 5 判 216頁 本体3000円

化学工学の基礎をやさしく解説した教科書の改訂版。新しい技術にも言及。〔内容〕基礎（単位系，物質・エネルギー収支，気体の状態方程式，プロセス制御）／流体と流動／熱移動（伝熱）／物質分離（平衡分離，速度差分離等）／反応工学

前大阪府大田中 誠・前大阪市大大津隆行他著
新版 基礎高分子工業化学
25246-0 C3050　　A 5 判 212頁 本体3600円

好評の旧版を全面改訂。高分子工業の概観，高分子の生成反応を平易に記述。〔内容〕高分子化学とその工業／高分子とその特性／高分子合成の基礎／木材化学工業／繊維工業／プラスチック工業／機能性高分子材料／ゴム工業／他

日本分析化学会高分子分析研究懇談会編

高分子分析ハンドブック
(CD-ROM付)

25252-1　C3558　　　B5判　1268頁　本体50000円

様々な高分子材料の分析について，網羅的に詳しく解説した。分析の記述だけでなく，材料や応用製品等の「物」に関する説明もある点が，本書の大きな特徴の一つである。〔内容〕目的別分析ガイド（材質判定／イメージング／他），手法別測定技術（分光分析／質量分析／他），基礎材料（プラスチック／生ゴム／他），機能性材料（水溶性高分子／塗料／他），加工品（硬化樹脂／フィルム・合成紙／他），応用製品・応用分野（包装／食品／他），副資材（ワックス・オイル／炭素材料）

前東大　田村昌三編

化学プロセス安全ハンドブック（普及版）

25037-4　C3058　　　B5判　432頁　本体15000円

化学プロセスの安全化を考える上で基本となる理論から説き起し，評価の基本的考え方から各評価法を紹介し，実際の評価を行った例を示すことにより，評価技術を総括的に詳説。〔内容〕化学反応／発火・熱爆発・暴走反応／化学反応と危険性／化学プロセスの安全性評価／熱化学計算による安全性評価／化学物質の安全性評価実施例／化学プロセスの安全性評価実施例／安全性総合評価／化学プロセスの危険度評価／化学プロセスの安全設計／付録：反応性物質のDSCデータ集

I. スキースト編
水町　浩・福沢敬治・若林一民・杉井新治監訳

接 着 大 百 科（普及版）

25259-0　C3558　　　B5判　592頁　本体16000円

接着(剤)に関する需要は，工業分野のみならず，社会生活全般にわたりますます高まっている。本書は基礎事項から接着材料の詳細，実際の接着技術まで解説した，接着(剤)に関する総合書である。Handbook of Adhesives（第3版）の翻訳書。〔内容〕接着剤序説（接着剤の役割・基礎・表面処理・選択と適格検査）／接着剤各論（膠・カゼインおよび蛋白系接着剤・スターチ・天然ゴム接着剤他24項目）／被着材と接着技術（プラスチックの接着・繊維とゴムの接着・木材の接着，他）

前日赤看護大　山崎　昶監訳
森　幸恵・宮本惠子訳

ペンギン化学辞典

14081-1　C3543　　　A5判　664頁　本体6700円

定評あるペンギンの辞典シリーズの一冊 "Chemistry（第3版）"（2003年）の完訳版。サイエンス系のすべての学生だけでなく，日常業務で化学用語に出会う社会人（翻訳家，特許関連者など）に理想的な情報源を供する。近年の生化学や固体化学，物理学の進展も反映。包括的かつコンパクトに8600項目を収録。特色は①全分野（原子吸光分析から両性イオンまで）を網羅，②元素，化合物その他の物質の簡潔な記載，③重要なプロセスも収載，④巻末に農薬一覧など付録を収録。

東京理科大　渡辺　正監訳

元素大百科事典（新装版）

14101-6　C3543　　　B5判　712頁　本体17000円

すべての元素について，元素ごとにその性質，発見史，現代の採取・生産法，抽出・製造法，用途と主な化合物・合金，生化学と環境問題等の面から平易に解説。読みやすさと教育に強く配慮するとともに，各元素の冒頭には化学的・物理的・熱力学的・磁気的性質の定量的データを掲載し，専門家の需要にも耐えるデータブック的役割も担う。"科学教師のみならず社会学・歴史学の教師にとって金鉱に等しい本"と絶賛されたP. Enghag著の翻訳。日本が直面する資源問題の理解にも役立つ。

池田裕子・加藤　淳・粷谷信三・
高橋征司・中島幸雄著
ゴム科学
―その現代的アプローチ―
25039-8　C3058　　　　A 5 判 216頁 本体3500円

最も基本的なソフトマテリアルの一つ，ゴムについて科学的見地から解説。一冊でゴムの総合的な知識が得られるゴム科学の入門書。〔目次〕ゴムの歴史とその現代的課題／ゴムの基礎科学／エラストマー技術の新展開／ニューマチックタイヤ／他

西岡利勝編
高分子添加剤分析ガイドブック
25268-2　C3058　　　　A 5 判 288頁 本体7400円

耐久性や物性の改良のためにプラスチック等の合成高分子に加えられた様々な添加剤の分析方法を分かりやすく解説。〔内容〕意義と目的／添加剤分析に使用する測定方法／前処理／各種添加剤の分析法／成形品における添加剤の状態分析

前京大 小林四郎編著
応用化学講座 7
高分子材料化学
25537-9　C3350　　　　A 5 判 260頁 本体4800円

脚光を浴びる高分子材料について「反応」と「材料」の観点から手際よく解説。〔内容〕高分子材料合成／ゴム・塗料・接着剤／樹脂材料／繊維・フィルム材料／ポリマーアロイ／電子・電気・磁気材料／光機能材料／分離機能材料／生医学材料

山口東理大 戸嶋直樹・前東工大 遠藤　剛・
東工大 山本隆一著
先端材料のための新化学 3
機能高分子材料の化学
25563-8　C3358　　　　A 5 判 232頁 本体4300円

今や高分子材料の機能は化学だけでなく機械・電気・情報・環境・生物・医学など広範囲に結びついている。〔内容〕序論／機能高分子材料の設計／高分子反応と機能性高分子／化学機能高分子／物理機能高分子／光・電子機能高分子

前東工大 小川浩平編
シリーズ〈新しい化学工学〉1
流体移動解析
25601-7　C3358　　　　B 5 判 180頁 本体3900円

化学プロセスにおける流体の振舞いに関する基礎を解説〔内容〕運動量移動の基礎／乱流現象／混相流／混合操作・分離操作／差分法の基礎／相似則／流体測定法／機械的操作の今後の展開／補足（応力テンソルの定義／質量基準の粒子径分布他）

東工大 太田口和久編
シリーズ〈新しい化学工学〉2
反応工学解析
25602-4　C3358　　　　B 5 判 136頁 本体3000円

化学工学のみならず環境科学，生物学，医化学等で活用される反応工学の知識体系の全体像を丁寧に解説〔内容〕生物反応過程とモデリング／反応過程の安定性／気液反応／気固反応，固液反応／触媒反応工学／生物反応工学／非理想流れ反応器

東工大 伊東　章編
シリーズ〈新しい化学工学〉3
物質移動解析
25603-1　C3358　　　　B 5 判 136頁 本体3000円

工業的分離プロセス・装置における物質移動現象のモデル化等を解説。〔内容〕物性値解析（拡散係数他）／拡散方程式解析（物質拡散の基礎式他）／物質移動解析の基礎（物質移動計数と無次元数他）／分離プロセスの物質移動解析（調湿他）

前東工大 黒田千秋編
シリーズ〈新しい化学工学〉4
システム解析
25604-8　C3358　　　　B 5 判 112頁 本体2800円

化学工学が対象とするシステムの解析とそれに必要なモデリング・シミュレーション手法を解説〔内容〕システムの基礎／システム解析の基礎的手法／動的複雑システムの構成論的解析手法と応用／複雑システム解析の展開／プロセス強化への展開

奥山通夫・粷谷信三・西　敏夫・山口幸一編
ゴムの事典
25244-6　C3558　　　　A 5 判 612頁 本体24000円

そのユニークな弾性から，日常のさまざまな用具や工業用部品に加工・使用されてきたゴム。本事典では，加工技術の進歩により我々の想像以上に生活のあらゆる場面に浸透する各種ゴムの基礎から応用までを総合的に解説。〔内容〕ゴムの科学と技術の歴史／ゴムの化学・物理学・工学／ゴム材料／ゴム製品（タイヤ，免震ゴム，ケーブル，ゴルフボール，人工臓器，消しゴム，ガスケット，気球他）／ゴムと地球環境（リサイクル，PL法他）／トピックス（F1，ゴムエンジン他）／付録

上記価格（税別）は 2019 年 2 月現在